你的形象决定你的价值

如何让自己活得像个人物

文心◎著

黑龙江教育出版社

图书在版编目（CIP）数据

你的形象决定你的价值 / 文心著. -- 哈尔滨：黑龙江教育出版社, 2017.8（2019.5重印）
（读美文库）
ISBN 978-7-5316-9593-6

Ⅰ. ①你… Ⅱ. ①文… Ⅲ. ①个人—形象—设计—通俗读物 Ⅳ. ①B834.3-49

中国版本图书馆CIP数据核字（2017）第226273号

你的形象决定你的价值
Nide Xingxiang Jueding Nide Jiazhi
文　心　著

责任编辑　徐永进
装帧设计　仙　境
责任校对　程　佳
出版发行　黑龙江教育出版社
（哈尔滨市群力新区群力第六大道1305号）
印　　刷　保定市西城胶印有限公司
开　　本　880毫米×1230毫米　1/32
印　　张　7
字　　数　140千
版　　次　2018年1月第1版
印　　次　2019年5月第2次印刷

书　　号　ISBN 978-7-5316-9593-6　　定　　价　26.80元

黑龙江教育出版社网址：www.hljep.com.cn
如需订购图书，请与我社发行中心联系。联系电话：0451-82533097　82534665
如有印装质量问题，影响阅读，请与我公司联系调换。联系电话：010-64926437
如发现盗版图书，请向我社举报。举报电话：0451-82533087

前　言

我们认识一个人往往是从他的形象开始的。形象是一个人的标签，是一个人外在特征和内在气质的完美组合。社会上的人们每时每刻都在根据你的穿着、表情、眼神、手势、声调、语言等自我表达方式在判断着你，对你的形象做出评价。无论你愿意与否，你都在留给别人一个关于你各方面的形象，这个形象在工作中影响着你的升迁，在商务中影响着你的交易，在生活中影响着你的人际关系，它无时无刻不在影响着你的声誉和前程，最终影响着你的人生价值和成败输赢。

一个成功的形象，展现给人们的是自信、尊严和实力。个人形象是昂贵的，有的时候它价值连城。一个成功的形象不仅仅反映在别人的视觉效果中，同时也能唤起你内在沉积的优良素质，通过你的衣着、行为、语言等让你表现出一个成功者的魅力。

形象是一面镜子，能够照出一个人的才智与见识，映射一个人的修为和气质。形象展现你的学识、修养、气度、品位，决定着你在他人心里的印象和在社会上的声誉，影响着你的社会地位、人生机遇、发展前途、事业成败等。

形象在我们的人生中扮演举足轻重的角色，在我们的职业生涯和人际交往中发挥着不可替代的作用。我们应当时刻珍惜并维护好自己的形象，努力扩大自己的形象“知名度”。当你的“知名度”愈来愈大的时候，你自身的价值就会自然而然地上升。

一个懂得并能展示自己形象魅力的人，会更容易得到他人的信任，更容易获得他人的欣赏，会比一般人获得更多的机遇。交际、求职、工作、会议、商务谈判中，无一不需要良好的形象，个人形象的好坏直接影响个人事业的成功与否。在这个极为注重个人形象的时代，形象变得比任何历史时期都重要。谁不注重自己的形象，谁就得不到别人的注目，谁就会默默无闻，走向失败。

形象是事业的助推器，良好的形象为你事业的成功起着催化促进的作用，而失败的形象则破坏或阻挡你事业的顺利发展。对于追求成功的人士来说，创立一个可信任、有竞争力、积极向上、有时代感的形象，可以使自己在群体中快速获取公众的信任，从而脱颖而出。

本书深刻地点明了形象在人生中的巨大价值和重要作用，多方位、多角度、深入浅出地阐述了塑造自我形象的基本途径和方法，旨在帮助广大读者快速提升自己的形象，由内而外展示自己的自信、尊严、气质、品位和能力，成功地向公众传达自己的价值、信誉，赢得领导、同事、朋友和他人的尊重和信任，营造如鱼得水的人际关系和工作环境，为自己的事业和人生开辟一片广阔的天地。

好形象是成功人生的资本，好形象是受用一生的财富。你的形象决定你的价值！你的形象决定你的前程！

目录

第 1 章

你的形象决定你的价值

好形象展示魅力和力量

一个成功的形象，展示给人们的是自信、尊严、力量、能力，它不仅仅反映在别人的视觉效果中，它也是一种外在辅助工具，它让你对自己的言行有了更高的要求，能立刻唤起你内在沉积的优良素质，通过你的穿着、微笑以及和他人的目光接触、握手、交谈，让你浑身都散发着一个成功者的魅力。

有这样一个故事，有一天，大哲学家亚里士多德参加宴会，他穿了一件普普通通的衣服出席，主人不知道他是谁，反应十分冷淡。

于是，亚里士多德马上出去，换了一件崭新的皮大衣，重新回到了宴会上。主人的态度马上发生了变化，变得十分殷勤，他邀请的客人们也纷纷起来向亚里士多德敬酒。

只见亚里士多德迅速脱下穿着的大衣，拎在手里说："喝酒吧，亲爱的大衣兄弟！"许多人都奇怪地看着他，亚里士多德说："你们不了解，我的大衣兄弟可是十分清楚，所有的礼节都是冲着它来的，它才是今天的客人。"

生活中，一个人的人际关系与形象有多大关系，似乎没有人能说得清。但有一点是人们都必须承认的，即谁拥有更多的朋友、拥有良好的人际关系，谁的形象就具有更大的魅力，谁获得成功的机会就更多。同一件事情，为什么有的人能圆满、得体地完成，有的人使出浑身解数，还是于事无补？这里虽有一些偶然的因素，但主观上在于人们是否喜欢你，是否愿意帮助你并与你合作。人们往往乐意积极主动、倾其全力去帮助那些值得帮助的人。当然，这跟他们成功的形象不无关系。成功的形象就像股市投资者眼中的绩优股一样。

其实，这个世界上并没有丑陋的形象，如果有，那必定是设计失败的形象。

人的形象除了外在形象，更重要的是内在形象，通过内在形象的修炼能大大弥补外在形象的缺憾，让整体形象焕发光彩。

美国闻名遐迩的马可法官天生就是一个畸形儿——歪鼻子，兔唇，三角眼，头骨变形以致前额鼓起一个大包，驼背，还是个拐子。开始，他很自卑，后来尝试着去帮助别人，并渐渐地被人们所接受。人们的微笑和鼓励增加了他的信心，他逐渐摈弃了自卑、自轻，以新的形象、新的方式开始大步地走向自己新的人生。他不但像正常人一样娶妻生子，还努力奋斗，成为他所在州的法官，并因执法公正廉洁广受人民拥戴。在他逝世以后，人们自发聚集起来悼念他，几天不散。如今，他已成为人们心中光明之神的化身。

不要挑剔自己的长相，不要对美设置固定的标准。不管父母生你什么样，你都要活出自我来，并且“使自己从内心来改变形象”。

曾经横扫欧洲大陆的拿破仑，身高只有1.62米，可他却在数年时间内建立了一个庞大的资本主义帝国。列宁也只有1.64米，却开创了一个伟大的时代。

这些出色的政治家，凭借自己的智慧，弥补自身形象的不足，运用出色的才能，开辟了世界新纪元，让世人为之骄傲。

好形象提升个人社会知名度

世界著名的伦敦商学院的“风险基金投资”课程曾请了英国著名的风险基金经理来讲授风险基金是如何选择投资项目的，他在讲到投资者对项目的评估时说：“我们实际上是在对人进行投资。一个一流的人才，可以把一个三流的项目做成一流，而一个三流的人才可以把一个一流的项目做得不入流。”他们对人的评估只能通过短暂的接触，这时外在形象及交流的能力就是产生良好印象最重要的因素。出色的形象会帮助你在商务交流中少走弯路，减少不必要的挫折。

仔细观察一下就会发现，近几年比尔·盖茨穿西装出现的次数越来越多，而一身随便的休闲装或是一身工作服再配上那个大眼镜的形象已很难见到了。所以，有人说比尔·盖茨已经成熟了。

其实，比尔·盖茨也非常注重自己的形象，他曾经请专家对自己的形象进行设计、包装与宣传。比如，1991年，他在拉斯维加斯发表演讲。演讲并不是比尔·盖茨的长项，为了使自己以更好的形象出场，使自己的演讲产生巨大的影响与传播力，比尔·盖茨专门请来了演讲博士杰里·韦斯曼为自己的演讲作指导。比尔·盖茨演讲时，熟悉比尔·盖茨的人都非常吃惊：比尔·盖茨一改往日懒散随意的形象，穿了一套昂贵的黑西服。他那尖锐的嗓音虽然无法改变，但丝毫没有影响到他的演讲。结果，这场主题为“信息在你的指尖上”的演讲传遍全美，获得了巨大的成功，而比尔·盖茨的形象魅力值也迅速得到提升。

英国历史上第一位女首相撒切尔夫人，是一位对别人的衣着毫不关心，却对自己的衣着非常在意的人。她对自己的化妆、服饰等都非常讲究。在她身上，没有一般女人的珠光宝气和雍容华贵，只有淡雅、朴素和整洁。少女时代的她就十分注重自己的衣着，但并不标新立异、哗众取宠，而是朴素大方、干净整洁。从大学开始，她受雇于本迪斯公司，她那时的衣着给人一种老成的感觉，因而公司的人称她为“玛格丽特大婶”。每个星期五下午，她去参加政治活动时，都戴老式小帽，穿黑色礼服，脚蹬老式皮鞋，腋下夹着一只手提包，显得持重老练，虽然有人笑话她打扮土气，但她却有自己独到的见解：这样的打扮能在政治活动中取得别人的信任，建立起威信。她的衣服从不打皱，让人觉得井井有条是她一贯的作风。从服饰方面注意自己的仪表形象，对玛格丽特事业的成功的确起到了一定的作用。

好形象是成功的无价资本

一位华裔投资商曾对人说："我怎么也不能相信那个穿着旅游鞋、牛仔裤，头发如同干草，说话结结巴巴的小子会向我要500万美金的投资，他的形象和个人素养都不能让我信服他是一个懂得如何处理商务的领导人。"

形象是事业成功的助推器，整洁的外表为你事业的成功起着推波助澜的作用，邋遢的外表则会破坏或阻挡你事业的顺利发展。对于企业领导者和管理者来说，良好的形象能使自己掌控追随者的心理，为自己创立一个高大的形象以确立自己稳固的位置。对于那些追求成功的人来说，创立一个可信任、有竞争力、积极向上、有时代感的形象，可以使自己在群体中快速获取公众的信任，从而脱颖而出。

身在职场中的女性，如果你的上司、客户都是男性，要吸引他们的注意，除了具备丰富的专业知识和优良的工作能力外，合适时尚的穿着也是必不可少的。一旦你的外表、穿着打扮给他们留下深刻而良好的印象，有利你的许多机会就会接踵而至。否则，形象将成为你成功路上的绊脚石。

卡特当选总统时的性格和形象作为农场主再合适不过了，但作为一个对世界影响极大的超级大国——美国的总统，再保持这种形象就有点不合时宜。

遗憾的是卡特当了总统之后，对自己的形象没有做任何的调整。结果舆论方面开始发难了：他是否拥有作为美国总统所要具备的形象气质呢？在其后的执政生涯中他屡屡被对手或是并非恶意的人们诟病，还经常有人因为他的形象不佳对他讥嘲，一些媒体甚至由此别有用心地怀疑他的政治能力和智慧。如果卡特努力改变自己的形象来适应新的变化，或许他能塑造一个更好的总统形象留在人们的记忆当中。

自信的形象，让全世界都挺你

有人说：“这个世界是属于有自信的人的！自信的形象带给人的是无穷的价值。”

在任何情况下，我们必须学会“了解自己、肯定自己”，进而“改进自己”！事实上，肯定自己就是自信，这是生命中最重要的部分，若是少了它，生命就会“瘫痪”。

自信是获得成功至关重要的因素。你不必妄自尊大、言行莽撞——无声的自信同样能给人留下深刻的印象。如果你自己表现得不自信，那么其他人也不会对你有信心。不管怎样，你应该明白自己在做什么，这样别人才能理解你的做法。你会看到人们总是愿意信赖那些信心十足的人，他们有时甚至说不清为什么信赖这些人。

鉴于自信的形象对一个人的职业生涯有着巨大的作用，一些国际知名企业都很重视员工的自信。他们认为：对自己足够了解、充分自信，有这样一副好形象的员工才能更好地发挥自身优势，从而获得成功。

摩托罗拉公司就曾鼓励员工要充分自信。在摩托罗拉，员工的自信和尊严来源于：做好实质性的工作，不断向成功努力，得到充分的培训并能胜任工作，在公司有明确的个人前途，创造无偏见的工作环境。主管定期与员工就这些问题进行探讨，使员工在工作中做得更好、更加自信。可口可乐公司也强调员工应该充分了解自己，发现自己的独特优势，对自己有信心。

自信能够促进你的事业，自信的人能够做得更好。下面是一些能够提高你的自信的方法：

1.尽量挑前面的位子坐

在各种聚会或会议中，大多数人都愿意坐在后边、不太显眼的位置，避免被注意或点名叫到，而这样做的深层原因就是由于缺乏信心。实际上，坐在前面能够建立信心。因此，无论是在各种聚会或会议中，你都要尽量往前坐。

2.自我暗示

每天睡前想一想今天有哪件事是值得骄傲的，哪怕很小的事。早上起来先对自己暗示几次：“我相信自己，我非常棒！”或者，每天早上临出门前，对着镜中的自己大声说：“我能行！”这样，久而久之就会建立起自信心。

3.当众发表自己的见解

在会议中或者公共场合，很多人不愿意当众发表自己的见解。其实，这是一种不自信的表现。我们应每次都主动发言。评论、建议或提问都可以，不要等到最后才发言。不要担心自己会显得很愚蠢，因为总会有人同意你的见解。

4.每天都能保持甜美的笑容

每天都能保持甜美的笑容。没有信心的人，经常眼神呆滞，愁眉苦脸，而信心满满的人，眼睛总是闪闪发亮，满面春风。笑是快乐的表现，笑能使人产生信心和力量。因此，就让我们多笑一笑吧。

5.说话时去正视别人

说话时正视别人等于告诉他：我很诚实，而且光明磊落。要让你的眼睛为你工作，就是要让你的眼神专注别人，这不但能给你信心，也能为你赢得别人的信任。

6.要昂首挺胸

成功的人，得意的人，获得胜利的人总是昂首挺胸、意气风发。昂首挺胸是富有力量的表现，是自信的表现。因此，无论我们是得意还是失意，都要昂首挺胸。

其实，只要你有足够的自信，全世界的人都会认为你是最美的。摩拉斯形象公司的贝蒂·斯迪芬女士一直强调“只有心妆才能超凡”，说的就是外在的得体、恰到好处，更多要依靠心理素质的自我完善，包括为人处世的各个方面。爱默生也说过：“人无所谓伟大或渺小，任何一个人都是由自己来主宰并且走向成功，任何一个人都有大于自身的力量，这就是你自己。”树立自信的形象吧，让它引领你上路。

让自己看起来像个成功者

为了取得成功，你必须在脑中“看”到你将要取得成功的形象，在脑中显现你充满自信地投身一项困难的挑战的形象。这种积极的自我形象反复在脑中浮现，就会成为潜意识的一部分，从而引导你走向成功。

在人们的意识中，具备成功形象的人大都是已经成功的人。因此，“看起来像个成功者”能够让你感受成功者的自信，激励你走向成功，像成功者那样行动。

我国东北一位制药企业老总，在20世纪70年代末上大学时，就有着强烈的“领导意识”。他认为伟人具有散发着魅力的外形和举止。于是他开始模仿我国某位伟人的举止和仪态，通过练习腹腔发声，他把自己原本并没有权威感的脆弱音质改为具有磁性魅力的浑厚的男低音。在1995年他又有了国际领导人的新意识，他请了形象设计师，为自己设计具有国际标准的世界巨商的形象。他完全接受国际化的商业形象理念，不论是西装还是休闲服，他只穿能够体现一个领导宏伟气派的高质量、有品位的服装，他还不放过每一个细节。如今，无论在外观、口音、思想意识上，他都更像一位来自华尔街的金融家。

看起来像个成功人士，不仅仅是指外表、谈吐和举止都要像成功者，还要有许多特质，这些特质是看不见摸不着的，但它们却是成功的根本。

要想让自己看起来像一个成功者，就要表现出成功者的特质。成功者的内心中燃烧的火焰，驱使他们不断努力，追求成功。拥有成功者特质的人，在不断实现自己理想的进程中，也广泛地赢得了世人的欢迎和瞩目。一般来说，成功者的特质有下面几种。

1.清楚的价值观

看看那些真正的成功人士，他们虽然职业不同，但却有共同的道德根基，知道为人本分和当仁不让。所以要想成功，就得明白自己的价值观，这是极为重要的关键。

2.乐观向上的精神

一个能够在一切事情不顺利时仍然微笑的人，比一个遇到困难就怨天尤人的人，更具有胜利的条件。

3.精力充沛

缺乏活力、步履蹒跚的人想进入卓越之林，几乎是不可能的。精力充沛的人，时刻都有各种各样的机会，忙得他们分身乏术。

4.热情奔放

成功者一直有一个值得付出、激起兴趣且长据心头的目标，驱使他们去追求成长和更上一层楼。这个目标给予他们开动成功列车所需的动力，使他们释放出真正的潜能，这就是热情。

5.超凡的凝聚力

几乎所有的成功者都有一种凝聚众人的超凡能力，这种能力可以把不同背景、不同信仰的一群人聚集在一起，建立共识，统一行动，这样才能保证事业成功。

6.善于沟通

能带动我们生活和工作的人，都是能与他人沟通的大师。他们具有传递见解、请求、消息的能力，并熟稔此等能力，所以才会成为伟大的政治家、企业家等。

7.要有策略

策略就是组合各种才能的计划，有策略才能使事情按部就班地完成。

你的形象决定你的前程

社会上的人们每时每刻都在根据你的服饰、发型、手势、声调、语言等外在形象判断着你，无论你愿意与否，你都会给别人留下一个关于你的形象的印象。这个印象在职场中影响着你的升迁，在商场中影响着你的交易，在交际场中影响着你的人际关系和恋爱，它无时无刻不在影响着你的自尊和自信，最终影响着你的幸福感。

如果渴望升迁，你就需要展示出自己成功的形象。工作效率、能力、可靠性及勤奋是获得提升的重要条件，但并不是仅有这些条件，你就能在职场中胜出。忽略了对整体形象的塑造，你既得不到上司的关注，也得不到同事的承认。只有展示出一个与期待的职位相符的形象，展现出一个有潜力、值得被信任的形象，你才能有更大的发展空间，上司和同事才能相信你适合更高的职位。

作为一名员工，除了在语言上要注意之外。在服饰上，一名好的员工也不需要老板吩咐，就会穿着妥当。因为好的员工知道自己的形象就是公司的形象，代表着公司。着装的第一个标准是整齐顺眼，也就是清清爽爽。整天坐在办公室的职员，或者接触顾客的营业人员，要是穿着脏兮兮的衬衫、皱巴巴的裤子，一副精神散漫的模样，谁都不会对他产生好印象。以这种“不修边幅”的样子跟谁谈话，谁都会心存戒备，吃亏的总是你自己。

假设有两个部属，才华相等，工作效率也不分伯仲。如果只能提升一个人，老板通常会依他们平时的仪表给他的印象进行取舍。

我们应该怎样检验自己的穿着、形象呢?

检验自己的穿着是否恰当最简单的方法就是：当你站在镜子前面，第一眼看到的就应该是你的脸，衣服的颜色和款式是突出和强化你的脸的。如果第一眼看到的是你的鞋子或头发，那你就一定打扮得不对了。

然后，从头到脚审视一番，例如，脸、头发是否干净整洁，衣服是否整齐挺直。而且还要检查你的服装颜色、图案与你的肤色身材是否协调，服装的款式是否适宜，因为这不仅仅是把一套亮丽的衣服穿在身上就完事了，还要考虑衣服的色彩、款式是不是适合你的身材、皮肤和职业，以及你将要去的场所。

设计自我形象——与成功有约

好形象是你的宝贵资源，它令你在追求成功的道路上如虎添翼，在人群中凸显出高贵的自我。特别注意：好形象有三分源自外表，七分源自内心。内在形象是通过言谈举止等外在行为表现出来的，它是一种最高尚的美，包括一个人的道德品质、精神境界、思想意识和志趣情感等。如果你把内在的自我、言谈举止同经过修饰的容貌和外形综合在一起，你将发现你的整体形象一定会比天生的样子更富有魅力。

如果你对自己的设计感到不满意的话，不妨请别人帮你设计一下。事实上，所有大企业家和政坛上的政治家、舞台上的艺术家一样，他们的言行举止都是设计出来的。

日本著名企业家松下幸之助，在日记中曾记录了这样一件事：一次，他去理发，理发师十分尖锐地批评他的仪容："您是公司的代表，却这样不注重仪容，别人会怎么想？连您都这么邋遢，您公司的产品还会好吗？"理发师建议，为了公司的形象，松下应每次到东京来理发。松下听了理发师的话，觉得很有道理，之后就非常重视自己的仪容了，并要求松下所有的员工都这样做。

公司领导者或员工在各类社交活动中所展现出的形象，很容易使公众联想到他们所在公司的整体形象，以及他们的产品质量如何。

一位美国企业家坦然承认："如果你认识昨天的我，那么你就会说今天的我与昨天简直判若两人。因为我现在的一举一动都经过了精心的设计。如果说我们的企业设计有什么标志性的作品的话，那首先就是我。"

另一位日本企业家也说："我在走向经理岗位之前，公司对我进行了精心的形象设计与培训。因为我要代表一个企业，我必须抛弃原来大众所不认同的东西，比方说一些有个性的习惯。我为此跟形象专家们练习了三个多月。”

通过精心的设计与练习，丑小鸭也会变成白天鹅。提升形象不仅要把外表装饰得很体面，重要的是借外在表现内涵，而内涵的提升就需要一个长期不断的修炼过程。你必须从自己本身的条件出发，尽最大的努力，充分发挥自己的特质。外在条件永远是你的助手，只有你才是你自己形象的真正主人。

即使你天生算不上漂亮，但是你仍然要保持整洁，塑造良好的形象，比如整洁的外貌、得体的衣饰等。

第2章

第一印象——一出场就决定胜负

首因效应——让别人记住你

首因，是指首次认知客体而在脑中留下的“第一印象”。首因效应，是指个体在社会认知过程中，通过“第一印象”最先输入的信息对客体以后的认知产生的影响作用。在心理学中，首因效应也叫“第一印象”效应。

实验心理学研究表明，外界信息输入大脑时的顺序，在决定认知效果的作用上是不容忽视的。最先输入的信息作用最大，最后输入的信息也起较大作用。大脑处理信息的这种特点是形成首因效应的内在原因。

首因效应本质上是一种优先效应，当不同的信息结合在一起的时候，人们总是倾向于重视前面的信息。即使人们同样重视了后面的信息，也会认为后面的信息是非本质的、偶然的，人们习惯于按照前面的信息解释后面的信息，即使后面的信息与前面的信息不一致，也会屈从于前面的信息，以形成整体一致的印象。

1946年，心理学家阿希以大学生为研究对象做过一个实验。他让两组大学生评定对一个人的总体印象。对第一组大学生，他告诉这个人的特点是“聪慧、勤奋、冲动、爱批评人、固执、妒忌”。很显然，这六个特征的排列顺序是从肯定到否定。对第二组大学生，阿希所用的仍然是这六个特征，但排列顺序正好相反，是从否定到肯定。研究结果发现，大学生对被评价者所形成的印象高度受到特征呈现顺序的影响。先接受了肯定信息的第一组大学生，对被评价者的印象远远优于先接受了否定信息的第二组。这意味着，最初印象有着高度的稳定性，后继信息甚至不能使其发生根本性的改变。

首因效应就是说人们根据最初获得的信息所形成的印象不易改变，甚至会左右对后来获得的新信息的解释。在日常交往过程中，尤其是与别人的初次交往时，一定要注意给别人留下良好的印象。

首因效应在人际交往中对人的影响较大，是交际心理中较重要的名词。人与人第一次交往中给人留下的印象，在对方的头脑中形成并占据着主导地位，这种效应即为首因效应。我们常说的“给人留下一个好印象”，一般就是指的第一印象，这里就存在着首因效应的作用。在交友、招聘、求职等社交活动中，我们可以利用这种效应，展示给他人一种极好的形象，为以后的交流奠定基础。

当然，这在社交活动中只是一种暂时的行为，更深层次的交往还需要你的硬件完备。这需要你加强谈吐、举止、修养、礼节等各方面的素质，不然会导致另外一种效应的负面影响，那就是近因效应。要做到这一点，首先，要注重仪表风度，一般情况下人们都愿意同衣着干净整齐、落落大方的人接触和交往；其次，要注意言谈举止，言辞幽默，侃侃而谈，不卑不亢，举止优雅，定会给人留下难以忘怀的印象。首因效应在人们的交往中起着非常微妙的作用，只要能准确地把握它，就能给自己的事业营造良好的人际关系氛围。

决定成败的 3 秒钟

也许你还不知道，你只有3秒钟的时间给别人留下自己的第一印象。你会认为这不公平，你想别人应该认识真实的你。这也许不公平，但却是不可改变的事实。

根据西方学者雅伯特·马伯蓝比教授研究出的“7／38／55”定律，旁人对你的观感，只有7%取决于你谈话的真正内容；而有38%在于辅助表达这些话的方法，也就是口气、手势等；却有高达55%取决于你的外表，可见外表是内在与外界沟通的桥梁。

1962年，在英国伦敦一次贵族举办的豪华宴会上，一名中年男子出尽了风头，他优雅的举止、迷人的言谈，不但令在场的所有女士都对他倾心，而且所有男士也都对他抱着极大的兴趣和好感。人们私下里纷纷相互打听，都想认识他，并想和他成为朋友，而那位男子，在这次宴会上也收获颇丰，不仅签下了40多单生意，还找到了他的终身伴侣。这名男子就是英国著名的房地产新秀柯马·伊鲁斯。

他凭借自己优秀的形象，征服了整个伦敦的上流社会，随后，金钱和好运向他滚滚涌来。

其实在12年前，柯马·伊鲁斯就来过伦敦，并出席了一个由商会举办的小型聚会。

那时的柯马·伊鲁斯还是个小人物，经营着一家小水泥厂，整天勤奋地忙来忙去，根本无暇顾及自己的形象。为了扩大生意，他千方百计弄到了一张商行聚会的邀请信，可一进入聚会大厅，立即意识到自己走错了地方。大厅装饰得金碧辉煌，男士们个个西装革履、彬彬有礼，女士们也是华衣锦服、温文尔雅。柯马·伊鲁斯低头看看自己，一身沾满油腻的工作服，大胶鞋，乱糟糟的头发，简直像个乞丐。这时几位女士过来，故意将酒泼在他的身上，并趾高气扬地扔下些小费。侍者过来询问他，让他讲明身份，可是没人相信，而当他拉住一个认识他的人想为自己作证时，那个人竟不承认认识他，还说他是路边的鞋匠，于是他被请了出去。

遭到冷遇之后，柯马·伊鲁斯开始反省自己为什么会受到如此对待。自然，凭他的头脑，一下子就想明白了。

不久，他回到家乡参加了一个礼仪培训班，并高薪聘请了私人形象顾问。

不要成天只知道忙于工作，而忽视了自身良好形象的营造。良好的形象可以在事业上助你一臂之力，使你的终日劳碌结出丰硕的果实。如果不注意自己的形象，那么很有可能你的事业将毁于你的形象。这绝不是危言耸听！

第一印象代表整体印象

能否根据第一印象判断一个人的为人呢？心理学家认为，用第一印象了解一个人很准。

当克林顿遇到希拉里，他们相互给对方留下的第一印象意义非凡，影响了美国历史的进程：在耶鲁大学的法学图书馆，他们初次相遇，目光都被对方吸引住了，无法移开。最后希拉里打破了沉默，走到克林顿前面说："如果你继续盯着我，我也一直盯着你，我们就算是认识了。我叫希拉里·罗德姆。你叫什么名字？"克林顿说，他连自己叫什么名字都不记得了。

我们对别人的第一印象，是在头脑中留下了一张对方从头到脚的快照，这张快照常常捕捉到一些重要的真实信息。某企业在一项研究中，让没有从事过招聘的经理观看长度约20~32秒的求职者视频，然后对这些求职者进行判断。让人惊讶的是，评价结果非常接近那些专业的面试官跟每个求职者详谈了20分钟之后的判断结果。

第一印象是一个整体印象，这个整体印象包括：整洁的仪表、甜美的嗓音、灿烂的笑容、名贵的手表、被汗液沾湿的手掌、耸起的肩膀等。以微笑为例，人们可以在30米之外觉察到另一个人的微笑。微笑让我们知道对方会积极地接纳自己，因此很难不回报对方以微笑。就在我们报以一笑的时候，大脑快照的快门早已关闭。原来，3秒钟就足以对新相识是什么人下结论了。

美国塔夫茨大学心理学教授纳里尼·安巴迪称，人类进化出能快速判定陌生人是好是坏的能力，这对生存至关重要。这种判断能力并非可以凭空产生，而是人类的历代生活体验积累，转化为遗传基因，对于初见者的印象形成、人品判断是这些遗传基因在起作用。你对刚见面的汽车推销员产生了不信任感，或者对于一个即将可能成为自己室友的人产生亲切感，是因为我们的祖先在弱肉强食的自然界中进化，对这些表面信息的解读能力不断发展的结果。

一个人的喜怒哀乐等情绪会通过其脸色表现出来，只要留心观察一个人的面部表情，就可以知道他的情绪状态了。以愤怒为例：当某人怒火中烧时，他的嘴唇收窄——这是很难装出来的。如果这个人的情绪不是装出来的，看一眼就够，花更多的时间来看并不会获得更多的信息——只要这些情绪在脸上持续时间超过1秒。

第一印象在人的社会活动中起着重大的作用，但常常被忽视。如果你不想丢失任何成功的机会，别忘记第一印象的作用。记住，人们普遍喜欢那些穿着得体，为人热情、友好、宽厚、祥和的人，而厌恶那些衣衫褴褛，表现得缺乏修养，尖刻、好战、征服欲望强烈、自私自利的人。

第一印象永远只有一次

在与陌生人交往的过程中，所得到的有关对方的最初印象称为第一印象。第一印象主要是根据对方的表情、姿态、身材、仪表和服饰等形成的印象。虽然第一印象留给别人的影响很短暂，但它经常会给你的生活带来深远的影响。

通常，一个人留给别人的第一印象是很难被改变的，是因为人们在认知过程的开始阶段的印象会一直存在，并会影响后期的印象判断。举个生活中常见的例子你就很容易明白了。如果第一印象好的人获得了成功，那么通常会被人认为是有能力；如果第一印象不好的人获得了成功，则会被认为是要了什么手段才达到目的的。

心理学家研究发现，人们的第一印象形成是非常短暂的，有人认为是见面过程中的前40秒，有人甚至认为是前3秒，在一眨眼的工夫，人们就已经对你盖棺定论了。有时就是这几秒钟会决定一个人的命运。因为在生活节奏紧张的现代社会，很少有人会愿意花更多时间去深入了解、洞察一个留给他不美好的第一印象的人。大部分人与他人交往办事都依赖于第一印象的信息，而这个第一印象的形成对于日后的发展起着非常大的作用。毫不夸张地说，第一印象就是效率，就是经济效益。它比第二次、第三次的印象和日后的了解更重要。第一印象的好与坏几乎可以决定人们是否能够继续交往。

美国勃依斯公司总裁海罗德说：“大部分人没有时间去了解你，所以他们对你的第一印象是非常重要的。如果你给人的第一印象好，你才有可能开始第二步，如果你留下一个不良的第一印象，很多情况下，我们会相信第一印象基本上准确无误。对于寻求商机的人，一个糟糕的第一印象，就失去潜在的合作机会，这种案例数不胜数。你必须花费更多的时间才能够抹去糟糕的第一印象。”尽管有时第一印象并不完全准确，但是正如中国的成语“先入为主”，第一印象的建立如同在一张白纸上用墨水笔写字，写下了就难以再抹去。不管人们愿意与否，第一印象总会在以后的决策时，在人的感觉和理性的分析中占据主导作用。

人们总是习惯于对第一印象的信任，而忽视后来的表现。尽管我们理直气壮地讲：“不要以书的封面来判断其内容。”但是不可否认，绝大多数的人都在这么做，包括我们自己。别人在根据我们的外表和举动判断我们所包含的内容；我们也通过观察别人的外表，包括长相、身材、服装、言语、声调、动作等来判断他们。

心理学家还发现，当我们走进一个陌生的环境，人们靠直觉对你进行至少10条总结：你的经济条件、教育背景、社会背景、你的精明老练度、你的可信度、婚姻与否、家庭出身背景、成功的可能性、年龄、艺术修养等等。常听人讲：“一看他就知道他是一个什么样的人”，这就是第一印象。这所谓“一看”，无非只有几秒钟的时间，而这几秒钟就可以让人们判断你的生活历史，预期你的未来发展。

职业形象从第一印象开始

不同职业和地位的人都有适合各自的形象定位，这是社会赋予每个人的责任和义务。正确的形象表达可以彰显出从业者的专业性和权威性，所以塑造出适合自己职业和地位的形象是非常重要的。这是关系到事业和前途的关键所在。

某大型医院有一位年轻的外科专家，用一个词来形容他——“白衣酷哥”。像他那样穿着时髦、举止倜傥的医生并不多见，当然也是很难得到患者直接认可的，他甚至不容易被人用“医生”来称呼，只凭第一印象，人们往往不认为他是医生。有一次在门诊时，被他诊治过的一名年轻患者竟然这样问他：“叔叔，谢谢您关心我，请问医生什么时候来呀？”这令他十分尴尬。

求医时主治医师精神饱满的表情、值得信赖的话语和整洁得体的穿着，会给患者一种医生可以治愈自己疾病的信心和力量，从而患者会安心、镇静地配合治疗，这为战胜病魔创造了良好的条件。这种心理作用其实跟医生的医术无关，而是一种内在的潜力。相反，如果患者眼睛里看到的是疲倦的表情、无力的声音和不合身份的穿戴，患者会不情愿、不放心把自己的身体交付给这样的医生去治疗，当然治疗效果就可想而知了。

现代社会，职场男女的着装与追求时尚流行又是一次碰撞与磨合。如果你所从事的职业与时尚有关，或者就是引领时尚潮流的，那么打扮入时、前卫倒也无可厚非，如果穿得保守老套就会让人生厌。如果你所从事的职业与时尚没有直接关系，或者根本就无任何关联，而你却恣意张扬，一副摩登的样子，结果就会引起领导与同事的不满，甚至被“炒鱿鱼”也不无可能。

现代人，尤其是年轻人都有表现的欲望，喜欢追逐新潮。似乎不赶潮流就不足以在社会上立足。于是，除了衣物、首饰之外，更多了许多现代化的通信设备，其中以手机最具代表性，有人闲着的时候，喜欢拿出手机发短信、打电话，以成为“拇指一族”为荣。日常生活中，人际沟通是必要的，但是千万不能把这种所谓时尚带到工作或面试中来。否则，会引起别人的厌恶，工作没有起色，领导训谈的机会增多，甚至被迫离开公司。当然，如果在面试中，99.9%的可能是你不在被录取的范围之内。

因此，身在职场中的男女，应时刻保持自己良好的职业形象，留给第一次与你见面的人无可挑剔的第一印象。

六步打造良好第一印象

怎样才能给人良好的第一印象呢？从根本上说，它离不开提高自己的文明程度和修养水平，离不开经常的心理锻炼。心理学家提出下面几条建议：

1.显露自信和朝气蓬勃的精神面貌

自信是人们对自己才干、能力、知识素质、性格修养，以及健康状况、相貌等的一种自我认同和自我肯定。心理学家指出，一个人要是走路时步履坚定，与人交谈时谈吐得体，说话时双目有神，目光正视对方，善用眼神交流，就会给人自信、可靠、积极向上的感觉。

2.衣着仪表得体

有些人习惯于不修边幅。这本来属于个人私事，不过在一个新环境里，别人对你还不完全了解，过分随便有可能引起误解，产生不良的第一印象。美国有学者发现，职业形象较好的人，其工作初期的薪金比不大注意形象的人要高出8%～20%。当然，衣着仪表得体并不是非要用名牌服饰包装自己，更不是过分地修饰，因为这样反而给人一种油头粉面和轻浮浅薄的印象。

3.言行举止讲究文明礼貌

比如，注意语言表达简明扼要，不乱用词语；别人讲话时，不随便打断；不追问自己不必知道或别人不想回答的事情，这会给别人恶劣的印象。

4.讲信用，守时间

凡是应允的事，要努力办到。自己觉得办不好的事情，即使不便当面拒绝，讲话也要留有余地。为了讨好别人，明明办不到的事情也包揽下来，只会弄巧成拙，最终引起别人不满。讲信用还包括遵守时间，无论赴约、开会，都不要迟到。否则，也会给人做事不讲信用的感觉。

5.待人不卑不亢

不亢，就是不骄傲自大。不卑，就是不卑躬屈膝，不做出讨好、巴结别人的姿态。前者会引起别人反感，后者则有损自己人格。尤其在参加面试时，更不宜因为渴望得到这份工作而表现出谄媚主考人的样子。

6.与对方同步化

调整你的身体姿势和语音语调，使之适应新朋友，因为人们都会被和自己相似的人所吸引。当你以对方的速度来说话时，他们自然会有反应。当新朋友点头或摇头的时候，你也学着做，立刻就能建立和睦的关系。

为自己的第一印象打分

每个人的性格中都有显性的成分，让人一眼就可以看出你的性格，以下这个测试就是进入你的潜意识，看看你给人的第一印象会是什么？

如果以下五种状况都是你心里的秘密，你最不希望让情人知道的是哪一个？

A.你有亿万财富。

B.你是变性人。

C.你得了癌症。

D.你有特殊癖好。

E.你以前的情史。

选A：你给人的第一印象是——你是一个古板的人。标准上下班打卡的乖乖牌公务人员就是你。这类型的人老实善良，在生活中比较保守拘谨，给人的第一印象就是保守。

选B：你给人的第一印象是——你是一个花痴、色胚。从眼神到举手投足都让人觉得你在放电发骚。这类型的人自信心很强，自然会放电吸引人，年轻时放电还不错，可是上了年纪还继续放电就会让人家觉得不正经。

选C：你给人的第一印象是——你是一个怪人。你很难接近，不知道你脑子里都在想什么。这类型的人具有艺术家的性格，跟人相处的时候会让人产生距离感，使别人想要知道他在想什么，不过，这样的人有艺术家气质。

选D：你给人的第一印象是——你是一个极普通的人。别人觉得你在人群中不显眼，平凡没特色。这类型的人自由自在，他认为自由自在生活是他所向往的，容易跟大家打成一片，让人觉得他很随和，像是路人甲乙丙丁。

选E：你给人的第一印象是——你是新好男人或新好女人。你的条件非常优越，人气旺，非常抢手。这种类型的人有完美主义性格的倾向，当他一出场会表现他最完美的形象，因此给人的第一印象就非常好。

第3章

仪容形象——展示你的自信与风采

发型与仪容，好形象从头开始

发型，即头发的整体造型。美丽的头发是展示良好交际形象的前提。发型在你的形象中是一种独特的语言，它更能直观地体现你的身份、年龄、个性、气质等特征。一个适合你的漂亮发型将会为你增添无限魅力，相反，不论男女，如果你的面容、服饰都很美，一个不合适的发型就会使你顿失光彩，但是发型必须与化妆、服饰及场合相协调。

一个人的发型是他仪表美的一部分，头发整洁、发型大方是个人礼仪对发型美的最基本要求。整洁大方的发型易给人留下神清气爽的印象，而披头散发则会给人以萎靡不振的感觉。发型美是构成社会生活美的一部分。随着人类审美能力的不断提高，对发型美的要求也就越来越多样化、艺术化。一般来说，发型本身是无所谓美丑的，只有一个人所选的发型与自己的脸型、肤色、体形相匹配，与自己的气质、职业、身份相吻合时方能显现出真正的美。决定发型美的许多因素是人无法随意改变的，但通过对不同发型的选择，可以充分展现自己美的部分而让别人忽视自己的缺陷，从而起到扬长避短的作用。

修饰仪容应当“从头做起”。选择发型，除个人偏好可适当兼顾外，最重要的是要考虑个人条件和所处的场所。商界对头发的长度大都有明确限制：女士头发不宜过肩部，必要时应盘发、束发；男士不宜留鬓角、发帘，头发的长度最好不要长于 7 厘米，即大致不触及衬衫领口。而剃光头，则男女都不合适。个人条件，包括发质、脸型、身高、胖瘦、年纪、着装、配饰、性格等，都将影响到发型的选择。

要想更好地修饰发型，还要了解一些关于头发的基本知识。

根据头发的性质，可分为干性、中性和油性3类。头发的粗细可分为粗发、一般发、细发三种。头发的形状有直发、波状发和卷发。

日常我们应该怎样护发呢？

（1）在洗头前，用梳子梳开头发。

（2）在抹洗发水之前，应先将头发全部弄湿，以免缠在一起。

（3）选用不含酒精的洗发水。

（4）洗发水和护发素分开使用。

（5）每次洗头时用指尖按摩头皮，手指上下移动。

（6）尽量不用电吹风，用时吹到八九成干即可。

（7）避免洗头后用毛巾用力伤害头发。

（8）定期做头发滋养护理。

（9）如果你的头发无光或颜色变浅，你应多吃含有碘质和钙质的食物，如海带。

（10）如果你有掉发现象，你应该多吃菠菜、瘦肉、水果、花生等。

另外还要注意的是，每天整理头发最好在家里完成，不要把这项工作留到大庭广众之下。如果在众人面前突然发现你的头屑落到衣服上或感觉你的头发有些散乱时，那么赶紧找一个最近的洗手间把它们收拾好，千万不要当众拍打头皮屑，那样会让你精心修饰的形象瞬间黯然。

俗话说：从头开始！头部位于身体的最上方，居高临下，占据十分有利的地理位置，因此也是最引人注目的地方。当你和别人近距离接触时，头发就有可能变成你的“闪光点”。但是这个“闪光点”究竟该闪什么样的光，那就要看你的妙手了。

发型与脸型，隽秀潇洒

发型要与服装、身材、脸型、身份、年龄等和谐地搭配起来，才能产生良好的效果，其中脸型很重要。什么样的脸型配什么样的发型，是极其讲究的。

1.小巧脸型

对于小巧脸型，在发型设计上要使脸与整个头部、颈部连接起来，而不是让人单单看到一张脸。脸融汇在头颅中，无形中就有了整体的感觉。有了整体的和谐，就无所谓脸的大小了。要收拢头发，除去刘海儿，紧缩成形，在脑后下垂，以扩大脸部开面，使头颅成球形，小巧而结实。加上小巧精致的辫发，脸就显得十分得体。

2.四方形脸

对于这种脸型，发型处理上需对下颌两侧锐挺的线条进行柔化处理，使发型切角成圆，发式的外轮廓应圆套方，用下垂的头发挡住两侧起角的额廓。顶发应蓬松高耸，额前两鬓角用刘海儿遮盖，线条要明朗，使脸显长。腮处以圆弧形发式紧贴，有削弱下颌方正的显圆作用。头发侧分，不宜太偏。两侧发型必须收紧，呈弧形紧贴两腮，使头发遮挡耳轮廓的上半部渐向后鬓，呈椭圆形。另外，这种脸型适于烫发，波浪要大，避免头发平直，以用圆润的线条减弱对脸部方正直线条的视觉印象。发型要求上边放松，下边收紧，头发稍短，显出颈部较长。剪短发的女士也可梳理出挡住额廓的款式，头顶部分比较厚，后部则薄，看起来好像是一顶小帽子。后部的头发斜向前，包裹住额部。

3.长方形脸

对于这种脸型，发型应当顶部低，适当遮额，两侧松而圆，线条柔和，使脸型开阔，以优雅活泼的发式来缓解因长脸而形成的严肃感。周围下部头发，包括后面的头发，均宜用曲线、弧形线来实现。长脸型的女性宜选择短而宽的发型，如童花式、翻翘式短发或娃娃头均适宜。这种脸型的人不宜留直线型的长发，避免头发往后梳，使发型与脸型脱节，更显露出长脸的特征。

4.圆形脸

对于这种脸型，发式宜长不宜宽，可蓄直线形长发，留至肩膀上或下巴的平等线上。额前不要梳浓刘海儿，顶部头发应梳得松散高耸，两侧头发避免隆起，收紧服帖，波浪不宜过平，带斜波纹为好。不宜剪短发，因头发剪短，易使两侧头发鼓起，脸型会显得更圆。若烫发，可利用波浪式，波浪深些、宽些，修剪成椭圆形轮廓，层次参差，使脸型呈漂亮的鹅蛋形，也可把头发拢到后边挽成球形，能增添线条美，很适合圆脸大眼睛的女士。

5.三角形脸

对于这种脸型，头顶部分的头发宜具有松蓬感，而两侧的头发则要紧贴着脸部，线条柔和，能改变三角形的感觉。可烫成花瓣式发型，顶部由花瓣形纹样组成，较为蓬松，可以弥补头部较尖的缺陷。若是上宽下尖的倒三角形脸，发型应该顶部紧，两侧蓬松。这种脸型，适宜留双花式等长发。由于脸颊至下巴成一斜线，因此，必须注意头发的长度。若发长及耳，应强调脸颊的倾斜感。这种脸型的人不要留短发与发髻。

6.菱形脸

对于这种脸型，设计发型要注意增加前额的宽度和饱满度，使整体造型呈椭圆形。它以烫成丝丝卷发最为美观，前额有几缕花丝轻垂，耳后卷发与顶部发式块面相互呼应，菱形脸的缺陷就可以弥补。如果梳理直发，前发自顶部开始剪成刘海儿，将前额盖住，耳后束发，有婷婷之姿，或者将刘海儿侧吹，亮出额角，整体发势向下垂直，显得隽秀潇洒。

7.椭圆形脸

对于椭圆脸型，任何发式与它配合，都能达到美容效果。但若采取中分头路，左右均衡、顶部略蓬松的发式，会更贴切，以显示脸型之美。

8.“由”字形脸

应选择宜表现额角宽度的发型，而中长发型较好，可使顶部的头发梳得松软蓬松些，两颊侧的头发宜向外蓬出以遮住腮，在人的视觉上减弱腮部的宽阔感。

9.心形脸（瓜子形）

切忌前额留刘海儿，需用蓬松鬈曲的短发把双颊最宽的部分遮掩起来，以此来弥补不足之处。

在选择自己的发型时，能恰到好处地表现出独特个性，并能增添魅力才是适合的。不能一味地追求时尚或过分拘泥于年龄、脸型、体态。不管发型或发色怎样，有光泽的健康头发才是无价之宝。

发型与穿着身材，风姿绰约

发型不仅要与脸型甚至气质相协调，还要与服装的穿着相协调。

如穿旗袍就需要配以中国式大发髻，尤以大发髻中的海螺髻为佳，其造型含蓄，既具有古代佳人的美态，又有现代女性的风姿；或以盘龙髻，则行纹清新，块面均匀，线条优美，起伏得当，颇具古典风韵。若以长发披肩与旗袍相比就会显得不协调。又如夹克衫配穿牛仔裤，则需配以超短蓬松轻盈的现代发型，或随其自然的长披肩发，以表现洒脱和自如。而穿连衣裙的发型应强调妩媚绰约的阴柔之美。

另外，发型还要注意与人的身材相协调，不同的身材要搭配不同的发型。

1.高瘦身材者

这种身材是比较理想的身材，但容易产生眉目不清的感觉，或是缺乏丰满感，在选择发型时，应尽量弥补这些不足。这种身材的人适合留长发，但是要适当增加些发型的装饰性。如若梳卷曲的波浪式发型，对于高瘦身材更有一定的协调作用。又如身材修长的女性，如梳侧披发或束长发，则显得亭亭玉立，倍增娇美。但高瘦身材者不宜盘高发髻，或将头发削剪得太短，以免给人一种更加瘦长的感觉。

2.高大身材者

对于此类身材人的发型，在设计上应努力追求大方、健康、洒脱，减少大而粗的印象。一般留简单的短发为好，切忌花样复杂。烫发时，不应卷小卷，以免造成与高大身材的不协调。但对直长发、长波浪、束发、盘发、中短发式也可酌情运用，切忌发型花样繁复、造作。

3.矮小身材者

身材短小，给人以小巧玲珑的印象，适宜留短发或盘发，并可以根据自己的喜爱，将发式做得精巧、别致些，追求优美、秀丽，不宜留长发或粗犷、蓬松的发型，那样会使身材显得更矮。可利用盘发增加高度，而且还会因为露出脖子可以使身材显得高些，设计发型更应强调丰满与魅力，从整体比例上，应注意长度印象的建立，而且要在如何使头发秀气、精致上下功夫。

4.较胖身材者

身材矮胖的人要尽可能弥补自身的缺点，适宜梳淡雅舒展、轻盈俏丽的妇式发型。在发型的设计上要强调整体发势向上，将两侧束紧，使脖子亮出，使人产生错误视觉，也可选用有层次的短发、前额翻翘式等发型。不宜留长波浪、长直发。

另外，选择发型还要注意颈部的特点。颈部长的人适合稍长的、波浪大的发型；颈部短的人要把头发从颈部向后梳，把后面的头发梳得完整一些，让颈部暴露出来，使颈部显得长些。如果你的上身比下身长，或上下身等长，发式可选择长发以遮盖其上身；如肩宽臀窄，就应选择披肩发或下部头发蓬松的发式，以发盖肩，分散肩部宽大的视角。

眼神，品性魅力的焦点

人们常说，眼睛是心灵的窗口，通过一个人的眼睛，可以看出此刻他在想什么。常见有人怀疑对方说谎话时，对对方说："看着我的眼睛！"此时若对方没说假话，就会迎着对方的目光看过去，反之就会目光躲闪或干脆眼观别处，不予以回答。因为一个人的眼睛不能掩盖心里的邪恶念头，心胸纯正，眼神就清澈、明亮；心胸不正，眼睛就昏暗，有邪光。可见，从一个人的眼睛，可以清清楚楚地分辨出一个人的品质优劣，心术正邪。

孟子曾经指出，观察一个人的善恶，再没有比观察他的眼睛更好的了。因为眼睛不能掩盖一个人的丑恶。心正，眼睛则明亮；不正，眼睛则昏暗。听一个人说话时，注意观察他的眼睛，这个人的善恶还能往哪里隐藏呢？

具体来说，眼光能反映人的内在：

（1）目光炯然，表明这是个有胆识的正直的人。

（2）目光飘忽不定，表示这是个三心二意或拿不定主意，抑或紧张不安的人。

（3）目光忽明忽暗，说明他是个工于心计的人，如果此时他正在与人谈话则表明他已经听得不耐烦了。

（4）目光呆滞黯淡，说明这是个没有斗志而索然无味的人。

（5）眼睛闪闪发光，表明对方精神焕发，是个有精力的人。

（6）不敢正视或总是回避别人的视线，表明此人内心紧张不安或言不由衷，有所隐藏。

（7）主动与人交换视线的人，说明他心地坦率。

（8）在人们发怒或激动的时候，眨眼的频率就会加快。有时频繁而又急速的反应总是和内疚或恐惧的情感有关，眨眼也常被作为一种掩饰的手段。

（9）两眼似睡非睡，似醒非醒，这是一种老谋深算的神情；目光总是像惊鹿一样惶惶不安，表示深谋图巧又怕别人窥见他的内心世界。

（10）两眼安详沉稳，是内心沉稳有主见；两目敏锐犀利，生机勃勃是有朝气。

（11）目光有如流动的水，虽然澄清却游移不定，常见于奸人。

（12）眼神清亮如水，或清澈明澄，表示此人清纯、清朗、端庄、豁达、开明。

（13）眼神浊如污水，或昏暗、驳杂不纯，表示粗鲁、愚笨、庸俗、猥琐、鄙陋。

（14）如果谈话时，对方完全不看你，便可视为他对你不感兴趣或无亲近感。

因此，你在加强自己内在修养的同时，还应学会用眼神来表达自己的独特气质和展示自己的魅力。

眉毛，跳跃的性情

眉毛的功用不仅是保护眼睛，它还能传递人心理行为的信息。人们的心情变化了，眉毛的形状也会跟着改变。我们应该了解相关知识，多加运用。眉毛的变化大致有五种表现。

1.闪动

眉毛闪动，是指眉毛先上扬，然后瞬间下降，像流星划过天际，动作敏捷。眉毛闪动的动作，是全世界人类通用的表示欢迎的信号，是一种友善的行为。当两位久别重逢的老朋友相见的一刹那，往往会出现这种动作，并常会伴随着扬头和微笑，但是在握手、亲吻和拥抱等密切接触的时候则很少出现。

眉毛闪动除了作为欢迎的信号外，如果出现在对话里，则表示加强语气。每当说话者要强调某一个词语时，眉毛就会很自然地扬起并瞬间落下。

2.皱眉

皱眉的情形包括防护性和侵略性两种。防护性的皱眉只是保护眼睛免受外来的伤害，但是光皱眉还不行，还需要将眼睛下面的面颊往上挤，眼睛仍睁开注意外界动静。这种上下挤压的形式，是面临外界攻击、突遇强光照射、强烈情绪反应时典型的退避反应。至于侵略性的皱眉，仍是出于防御，是担心自己侵略性的情绪会激起对方的反击，与自卫有关。真正侵略性眼光应该是瞪眼直视、毫不皱眉的。最常见的皱眉，往往被理解为厌烦、反感、不同意等情形。

3.斜挑

斜挑是两条眉毛中的一条向下倾斜，一条向上扬起，这种无声语言，较多在成年人脸上看到。眉毛斜挑所传达的信息介于扬眉与皱眉之间，半边脸显得激悦，半边脸显得恐惧。扬起的那条眉毛就像提出了一个问号，反映了眉毛斜挑者那种狐疑的心理。

4.耸眉

耸眉指眉毛先扬起，停留片刻，然后再下降。耸眉与眉毛闪动的区别就在那片刻的停留。耸眉还经常伴随着嘴角迅速而短暂地往下一撇，此时脸的其他部位没有任何动作。耸眉所牵动的嘴形是忧伤的，有时它表示的是一种不愉快的惊奇，有时它表示的是一种无可奈何的模样。此外，人们在热烈的谈话时，会做一些小动作来强调他所说的话，当他讲到重要处时，也会不断地耸眉。

5.扬眉

当人的某种冤仇得到伸张时，人们常用“扬眉吐气”来形容这时的心情。眉毛扬起时，会略向外分开，造成眉间皮肤的伸展，使短而垂直的皱纹拉平，同时整个前额的皮肤挤紧向上，形成水平方向的长条皱纹。

一个眉毛高挑的人，也是想逃离庸俗世事的人，并被认为是自炫高深的傲慢表现，而被称为“高眉毛”。当一个人双眉上扬时，表示非常欣喜或极度惊讶，单眉上扬时，表示对别人所说的话、做的事不理解、有疑问。当我们面临某种恐惧的事件时，可以用皱眉来保护眼睛，也可以用扬眉来扩大视野，两者都对我们有利，但我们只能选择其一。一般的反应是：面临威胁时，牺牲扩大视野的好处，皱眉以保护眼睛；危机减弱时，则会牺牲对眼睛的保护，扬眉以看清周围的环境。

微微一笑，形象瞬间生辉

在所有的交际语言中，微笑是最有感染力的，微笑是放之四海而皆准的“人际交往的高招”。往往一个微笑能很快缩短你与他人之间的距离，表达出你的善意、愉悦，给人春风般的温暖，让你的印象瞬间生发出无限的魅力。

一个微笑，邻座的人就可能成为自己的朋友。一个微笑，会燃起一对青年男女的爱慕之情。笑暖人心，又能体谅人心，给人以幸福感、自由感。微笑不花费什么，却有意外的收获。微笑创造家庭快乐，建立人与人之间的好感。微笑使疲倦者休息，拘束者轻松，悲哀者节哀，就像一种情绪的调和剂，更是人际关系的润滑剂。但是在运用微笑传情达意的时候，要注意做到以下几点。

1.要笑得自然

微笑是发自内心的，是美好心灵的外观。这样才能笑得自然，笑得亲切，笑得美好、得体。要注意不能为笑而笑，没笑装笑。

2.要笑得真诚

微笑既是自己愉快心情的外露，也是纯真之情的奉送。真诚的微笑让对方内心产生温暖，有时候还可能引起对方的共鸣，使之陶醉在欢乐之中，加深双方的友情。

3.要笑在合适的场合

微笑并不是不讲条件的，也并不是可以用于一切交际环境。它的运用是很有讲究的。当你面带笑容时，你的心情不会差到哪里去。当你面对一个笑容满面的人时，你也很难不对他报以微笑。微笑使人觉得自己受到欢迎、心情舒畅，但对人微笑也要看场合，否则就会适得其反。有时候，微笑让你看起来紧张、无助，特别是在笑得太夸张的情况下尤其如此。当你出席一个庄严的集会，去参加一个追悼会，或是讨论重大的政治问题，自然不宜微笑。当你同对方谈论一个严肃的话题，或者告知对方一个不幸的消息时，或者是你的谈话让对方感到不快时，也不应该微笑，或者要及时收起微笑。

4.微笑的程度要合适

微笑是向对方表示一种礼节和尊重。但是如果不注意程度，微笑得放肆、过分、没有节制，就会有失身份，引起对方的反感。

5.微笑的对象要合适

对不同的交际对象，应使用不同含义的微笑，传达不同的感情。不然难免会有适得其反的情况出现。

脸型与眉型，定格个性

“芙蓉如面柳如眉”，古人认为美人的眉毛应似柳叶。现代人的审美眼光尽管与古人不同，但对眉毛形态的重视，仍一如往昔。因此有人说，使眼睛美丽的第一步，就是眉毛的形状。眉毛可以使眼睛显明，表现面貌的个性。

1.长方脸型的眉

为弥补过长的脸，需要在面部有一道横向线。以静止线为基础，横着化妆成水平形，即眉头稍离开眼角些，眉型不要太明显，要自然弯下，眉尾不可有弯角或翘起，眉梢略向下，以减少脸部的长度而显得平满些。此种脸型选择新月形比较理想，由此产生的视错觉，会使脸型显宽。画眉时要稍粗些，细了使人显老。

2.方脸型的眉

适宜修饰成线条柔和圆润的眉形，可着意将眉峰修弯，眉形拉长，眉梢可略向外延伸，以扩展脸型的上半部，减弱脸下半部的方形感。

3.圆脸型的眉

要使脸显得长些，应竖向发展，即眉头起点稍低，与眼角保持垂直，眉要向斜上方发展，可描成上升眉，眉的粗细以粗为宜，细了会增加圆脸的醒目感。当超越眼尾时，则自然垂下，不宜过长，画成柔和的弧形，以取得和谐的感觉。切忌不能画直线眉，以免使脸型变得更短，破坏美感。理想的是选择剑形眉作为修饰标准，使脸型有长度感。

4.椭圆形脸的眉

此种脸型和眉毛最容易搭配，这种脸型又称鹅蛋脸，是女性最佳脸型之一，我国自古都以椭圆形的脸型为美。这样的脸型可以按照自己喜爱和理想的眉毛位置来画。一般画成眉毛与眼睛平行即可，若配以柳叶眉或新月眉则效果更佳，有古典的味道。

5.“由”字脸型的眉形

适宜的眉形的画法应当是眉峰的位置略向下移，眉形适当向脸廓外缘延长些，保持一定的弧度，而且眉毛尽量画得有立体感与层次感。

6.“甲”字脸型的眉形

与“由”字形脸的眉形正相反，眉毛的修饰不应过分强调棱角，应画成自然柔和的圆弧形，眉峰可略偏向内侧，眉梢应为淡色，且长短要适中。这可使“甲”字形脸在人的视觉上减弱上大下小的感觉，显得匀称和谐。

男士胡须修饰，守护男人味

男士要经常剃胡须，以保持面部清洁卫生，容光焕发。至于留上唇须或鬓角的人，也应当经常刮脸，修剪胡须，平时每两天剃一次即可。若是赴宴、参加舞会或与女友约会，则须在临行前再剃一次，这样显得既整洁又精神。剃须虽然人人都会，但仍需注意操作程序及方法是否正确得当。

1.清洁皮肤

剃须前，应先用中性肥皂洗净面部。因剃刀对皮肤会产生刺激，或轻微地碰伤皮肤，污物会引起皮肤感染。

2.软化胡须

洗净脸后，再用热毛巾焐胡须，或将软化胡须膏涂于胡须上，使胡须软化。过一会儿再涂上剃须膏或皂液，以利于刀锋对胡须的切割和减轻对皮肤的刺激。

剃须膏是男子剃须的专用品，有泡沫型和非泡沫型两种。有的还可自动发热。剃须膏使用方法比较简单，先用温水将胡须部位拍湿后，再挤少量剃须膏均匀地涂抹在胡须上，待泡沫出现或稍等片刻后，即可开始刮须。

3.正确剃刮

剃须时应紧绷皮肤，以减少剃刀在皮肤上运行时的阻力，并可防止碰破皮肤。尤其年纪大或者瘦弱的人，皮肤易起褶皱，更应绷紧皮肤，使之保持弹性和一定的支撑力。剃须的顺序是：从左至右，从上到下，先顺毛孔剃刮，再逆毛孔剃刮，最后再顺刮一次就可基本剃净。注意不要东刮一刀西刮一刀，毫无章法地乱剃。剃刮完毕，用热毛巾把泡沫擦净或用温水洗净后，应检查一下还有没有胡楂儿。

4.剃后保养

剃须后应注意皮肤保养，因为剃刮胡须时，对皮肤有一定的刺激，并且易使皮脂膜受损，为了在新皮脂膜再生之前保护好皮肤，应在剃须后用热毛巾再敷上几分钟，然后可选用诸如须后膏、须后水、须后蜜、护肤脂或润肤霜之类外搽，这样可形成保护膜，使皮肤少受外界刺激。

5.胡须修剪与保养

对于蓄须者，修剪胡须时可用一把细齿小木梳和一把弯头小剪，先将胡须梳顺，然后再剪掉翘起的胡子和长于胡型的胡子，使修剪后的胡须保持整齐挺括的外形。上唇胡须的下缘要齐整，否则会影响面容美观。

如果要改变胡子的形象，可用小剪刀将不需要的部分仔细地修剪掉，不要一下子剪得太多，以免失手而影响胡型。

胡须的保养首先要清洁，每天应认真地清洗胡须，以免尘埃及脏物污染胡须和其根基部的皮肤。洗完后可涂少量的滋润剂，以保持胡须的柔软和光泽。

胡须是男子用以表现自己气质、个性和独特风度的一种标志，也会对脸形产生一定的影响。下面几条原则，供蓄须的男士参考：

下巴尖的脸形，不适宜留山羊胡。因为山羊胡的造型会使下巴显得更尖。如果可能的话，留络腮胡可使尖下巴变得不明显。

如果仅留上唇胡须，则胡须型不宜太宽，因为宽上唇胡与尖下巴容易形成较强对比，而使下巴显得更尖。

鼻底与上唇之间的距离短（即人中短）者，不宜留上唇胡。因为上唇胡有使横向加宽的感觉，而使人中显得更短。嘴型小的人，胡须可适当宽些，利用宽阔的胡须来掩饰小嘴的不足。额部窄小、下颌宽大的人，可用络腮胡须遮盖下颌角，使脸形协调。

女士唇型化妆，妆出女人味

俗话说“眼取其神，唇取其色”，作为面部最灵活部分的唇，其唇色最能展现女性的风采。光滑红润的唇会给人一种青春的美感；娇艳欲滴给人一种狂野的性感美；颜色柔美的朱唇，最能突出女性的温柔。而唇膏在这里就起到了举足轻重的作用。

1.确定唇型

在进行唇部化妆之前，先要对着镜子找到自己的最佳唇型，然后考虑脸型、五官的比例结构是否适合，并找出需要改变和调整的部位，制订一个明晰的方案，不要盲目模仿和盲目改画理想唇型，适合自己的才是最好的。

唇型线条若锋利明快，呈现直线美，显示敏锐及干练；柔和圆润富有曲线美，给人温柔、纯净等印象；小巧的唇型，会显得聪敏秀美；而厚实柔美的曲线唇型，会使人感到直率、热情和妖媚。

唇型线一般有以下三种画法。

（1）1/2型。嘴唇山形最高峰处恰在口角和中心线的中间，其特点是上下唇线轮廓匀称饱满，口部动静兼宜，美观别致，是一种理想的唇型。

（2）1/3型。呈山形，起伏深。此类唇型给人以感情丰富的感觉，它以唇线的最高点为特点，即这种嘴型的最高点在唇中到外嘴角的末端距离的1/3处。

（3）2/3型。上唇的山形高峰在唇中央到口角2/3处，有时有缓和优美的微笑感，有时又有高傲感。使用这种唇型，要注意不要太强调嘴唇的山形峰，否则会产生唇型不正之感。

另外，选择唇型要配合不同的脸型，还要考虑比例关系，如宽且长的脸型不宜画短而薄的唇型，窄而瘦的脸型不宜画色彩浓重的唇型。

2.上唇膏

嘴唇的清洁、干净很重要，要注意，如果唇上有旧唇色的痕迹或其他脏物，会影响唇膏的色泽，一定要先用纸巾擦净；如果嘴唇不干燥，则不容易上妆。准备工作做完后，就是画唇线。画好唇型后就可以涂唇膏了。

涂唇膏的要领是先从上唇的两侧向唇中涂，再从下唇的两侧向唇中涂，由外缘逐步涂向内侧，直到全部涂满。涂唇膏时，抹上第一层后用面巾纸轻轻按压一下，吸去浮色，再涂上第二层唇膏，这样唇红就会保留的时间长些。溢出唇型外的唇膏，要用纸巾等小心擦去，勿影响已画好的唇线。有理想的、完美的唇型是每个人都希望的，如果能掌握好画唇的技巧，就可以利用唇膏来矫正唇的形状，使人的眼睛有视觉上的误差，就能达到造就一副有魅力的唇型的效果。方法如下所述。

（1）小唇变大。可使下唇嘴角周界略微扩展，颜色和上唇同色调，要注意扩展出的部分唇红可涂得浓些。

（2）大唇变小。先用粉底色掩盖唇廓，然后再用唇线笔勾画出小于原唇型的轮廓，再在唇型内涂满明亮的唇红，注意上唇曲线不要太明显。

（3）厚唇变薄。在唇型外部，用粉底色或掩盖色把多余的部分盖去，然后用唇笔按轮廓形状在内侧勾画，并涂满唇红，唇红的选色要深一些为好。

（4）薄唇变厚。用唇笔在唇轮廓外部1~1.5毫米处平行描画轮廓，用较深的唇红涂于周围。

（5）上下曲形的修正。上曲形是把唇角提高约 5 毫米，唇色到中间部位稍深，下唇角比上唇角颜色稍淡些；下曲形则相反。

（6）唇色过暗。可选用鲜红、橙红等有亮度的颜色，也适用年龄较大而唇色鲜艳富有青春气息的人，只需用较淡的自然唇色，如粉红色等。

女士眉型描画，轻描淡画百魅生

眉毛的造型、生长方向、色泽深浅对眼睛的美观会产生影响，特别是女性，理想的眉毛是粗细与眼型相配，故应以眼型为模板描画自己的眉型，以达到妆容整体协调的效果。

自古以来人们就十分重视眉与眼的搭配，早在西汉时期就有描眉画眼的记载。颦笑愠怒都可从眉眼上表现出来。人们常以“眉开眼笑”“横眉竖目”等含有眼和眉的成语来表达不同的面部表情。可见，眉眼是表达感情的重要途径。不仅如此，眉毛的颜色与形态，也影响着人的整体相貌。人们通常以“浓眉大眼”来表示男子俊美，以“蛾眉细眼”来表示女子的漂亮。正是为了追求这种美，人们才注意眼睛与画眉的关系。

例如一双丹凤眼，则眉毛宜平直，眉梢稍向上挑，切忌不要画成下斜眉。如果为掩饰下倾的眼，应画成眉尾稍向下斜，眉峰弯成自然弧度的眉形，可以想象如果把眉型画成上挑的，会增加眼睛与眉毛之间的距离，使眼睛显得更加下斜；如果眼睛又大又黑，则眉毛不应过细过淡；如果眼睛细小，一定不能画一双浓黑粗大的眉毛，否则会给人不协调的感觉。

还有，眉妆的选择还要根据眼睛的妆容，如若眼妆浅淡，眉妆也应细淡；如若眼妆明亮、色彩艳丽，眉毛就不应太淡，否则会给人轻重不一、缓急失调的不和谐感。总之，眉毛与眼睛的化妆相一致，才能取得最好的化妆效果。

在人的面部美容化妆时，画眉是不易掌握的，懂得一定的步骤和技巧，才能有好的效果，不然会起相反的作用。

基本的画眉技巧和步骤如下所述。

（1）清洁。先用眉刷轻刷双眉，将眉毛表面的皮屑或化妆品残留清除。使双眉保持自然，然后用温水浸湿的棉签或使用热毛巾将双眉盖住，以使眉毛及周围的皮肤松弛，将多余的散眉毛拔除，为画眉做好准备。

（2）选择。画眉之前，要先根据自己的脸型和眼睛选出适合自己的眉形，画眉前在自己心中先有一个大致轮廓，然后再描画。

（3）画眉。先从眉头开始，根据眉毛的自然生长方向描画，从底边斜着向上画，顺着眉腰往眉峰画去，画到眉峰处时，则要从上向下画，直画到眉梢处再逐渐减淡、消失。

（4）注意。画眉时下笔要轻，笔道要均匀，不要一头重一头轻，上下眉道的方向接得要自然柔和，特别是眉毛最深处，要一根一根地画，力求画出和真眉毛同样粗细、同样方向的线条，以真实、自然地体现出立体感、生动感。画眉是为了使不甚完美的眉变得与眼相配，显得完美些，但完美的同时不应失真，如若画的痕迹太浓，让人看出是画的眉，则失去了美感。

（5）收尾。用眉笔画完之后，还要用眉刷将眉笔画的眉毛按照画的方向整齐地轻刷一次，使眉毛的笔道变得圆滑一些，与真眉毛柔和地结成一体。

第 4 章

穿着形象——穿出你的影响力

形象穿出来，风度妆起来

服装是一个人必不可少的修饰，合适的服装能展现出一个人的风度。那么怎样在着装上展现自己的风度呢？下边几个方面值得认真参考。

1.与体型协调

在公共场合或者私人场合，服饰的选择要与穿戴者的体型相协调，做到扬长避短、隐丑显美。人有高有矮，即使高矮有时相同，但体型却是千差万别的，有的胖，有的瘦；有的腰细，有的臀宽；有的手长，有的腿短。因此，如果能根据体型，配以不同的着装，就可以弥补缺陷，扬长避短，展现出自己独特的风度。

高个子一般属较理想的体型，需要选择线条流畅的服装。做到“两不宜”和“两避免”，即不宜用垂直的线条，不宜做高卷的发型和戴高帽子；避免窄小、紧身的衣服，避免使用黑色、暗色。要从腰间将颜色组合打破，用明色或对比色的腰带切开。

身材矮小是一种不太匀称的身材，因此，要避免使用水平线的衣服，可用垂直线，如用长线条或长衣服来增加身高。如果用宽大、粗笨的衣服，则会使人显得更加矮小。身材矮小的人适宜穿着造型简单、色彩明快、小花形图案的服装。

体瘦的人要避免穿过长、紧身、窄小的款式。不宜用垂直线，应在颈部、腰部增加水平线，以此增加宽度，便于弥补瘦型的缺陷。很瘦的人穿黑衣服不太合适，在颜色的搭配上，多用浅色也可以使身影加宽。

身体正正方方，也是一种不太理想的体型。使用流畅、柔和、流线型的款式可以改变这种呆板、四平八稳的身材。而且服装不宜贴身和宽大，颜色要求浅淡，切忌艳装。

2.与自身的身份、年龄协调

每个人在社会中都扮演着不同的角色，其穿着应该根据自身的身份作一定的规范。如果在家中你是一个家长或一个家庭主妇。可你在单位里，面对的却是你的同事和上司或者是你的下属，在这样的环境里，你就不能无所顾忌，随心所欲了。

不同的年龄、不同的性别穿着也有不同。小孩多穿花色服装，年轻人喜欢时髦服饰，老人则爱穿淡色衣服。

3.与环境和季节协调

服饰的选择尤其要注意不同的活动场合，出席重要的典礼，应该穿礼服。假如你要出席婚礼，服装的颜色就可鲜亮；若参加丧礼，则以凝重为宜。如果待在家中，可以穿简单的便服。倘若有客人来，也还是应该穿着得体一些。去野外旅游，则不宜西装革履。

衣服除了起着保暖和凉爽的作用外，不同的季节也应该有与之相适应的服饰。如春季宜穿驼色、浅灰、中浅色的服装；夏装色调以淡雅为宜；冬天色调以咖啡、藏青、深褐等偏深色为宜。

4.与个人的肤色协调

社交活动中的人们，都希望自身的服饰漂亮，给他人以美的享受，所以千方百计地追求服饰美。为了达到美化的目的，服饰的穿戴要注意扬长避短。我们在选择服饰的时候，不仅要考虑服饰的颜色、质地、款式，还要充分结合个人的肤色来着装。

中国人是黄种人，不宜选择与肤色相近或颜色较深暗的衣服，如土黄、棕黄、深黄、蓝紫等，因为它们使得“黄”人更“黄”。通常适宜穿暖色调的衣服，如红、粉红、米色及深棕色等。但黄种人中皮肤白净者，则无论何种深色或浅色的服装都适宜。皮肤黝黑者，适合穿暗色衣服，如浅灰、藏青等，最忌穿纯白色衣服。中国人对人体的审美观不同于黑色人种，中国人喜爱洁白、红润、有光泽的肤色，追求的基调是“白”；黑种人喜爱肤色的黝黑油润，追求的基调是“黑”。所以，非洲人大都喜爱白色服饰，就是为了突出他们皮肤色泽的“黑色美”，而中国人如果以白突出黑就无美可言了。

提升形象的着装三原则

服装是一种无声的语言，如何着装可从一个侧面真实地传递出一个人的修养、性格、气质、爱好与追求。要使着装后的个人形象富有神韵和魅力，应遵循以下原则。

1.整体性原则

正确的着装，能使形体、容貌等形成一个和谐的整体美。服饰的整体美的构成因素是多方面的，包括人的形体，内在气质，服装饰物的款式、色彩、质地、加工技巧乃至着装的环境等等。正如培根所说，“美不在部分而在整体”，孤立地看一个事物的各个部分可能不美，但就整体看却可能显得很美。

着装的整体美是由服饰的内在美与外在美构成的。外在美指人的形体及服饰的外在表现；内在美指人的内在精神、气质、修养及服装本身所具有的“气韵”。

2.个性化原则

着装的个性化原则不单指通常意义上的个人的性格，还包括一个人的年龄、身材、气质、爱好、职业等因素在外表上的反映所构成的个人的特点。有的人穿上崭新的服装，觉得浑身不自在，变得傻愣呆板，就因为这衣服不是他的个性表达，乃是外加的“壳”。

各式服装有自己的风格和内涵，理解服装应如同理解自身一样，就能找到适合自己穿的衣服。只有个性化的着装，才能与自己的个性和谐一致，才能烘托个性、展示个性，保持自我以别于他人。只有当服饰与个性协调时，才能更好地发挥其效应，塑造出自己的最佳形象和礼仪风貌。

3.符合“社会角色”原则

人们的社会生活是多方面的、多层次的，在不同的社交场合，扮演不同的社会角色。在社会活动中，人们的仪表、言行必须符合他的身份、地位、社会角色，才能被人理解、被人接受。人们对商务人员的期望形象是：热情有礼，衣装整洁，洒脱端庄，精明练达，富有责任心。如果一个颇有实力的实业大亨，蓬头垢面，衣衫褴褛，出现在众人面前，就很难让人相信他的经济实力。因此，利用得体的着装，可以满足他人对自己社会角色的期待，促成社交的成功。

职业着装，展示职业气质

在人们的传统意识中，一个人穿着白大褂就容易被当成救死扶伤的医生，穿着法官服就会被联想成既有丰富学识又高高在上的司法权威。最普遍的情形是，一个身着运动服的人总是会使人感觉到青春和活力，而各种制服和民族服装无不被人们联想到某种特殊的形象气质。

日本管理学家齐藤竹之助认为，人与人初次交往，90%的印象来自服装。英国前首相丘吉尔也认为，服装是最好的名片。在社会交往日益频繁的今天，人们越来越重视自己的着装，力求在某些特殊的场合因得体的服装而获得某种交际优惠。

不合时宜的着装，会留给别人不好的印象：这个人层次、品位肯定不高。如果是这样，那就离失败不远了。

职业装的特点是简洁、大方。因为职业装是你经常穿的衣服，面料应该比较结实。职业装的色彩应该采用中性色调或暖色调，不可夸张。职业装的面料也应该富有质感，例如羊毛、涤纶、精梳棉等。

现在对职业装的要求已经不那么严格了，但是有些规定还是要特别注意的。你不应该戴闪光的珠宝，也不要穿暴露、性感紧身的衣服，这样不但容易引人侧目，而且容易引起误会，同时，也不能穿太休闲的和太艳丽的衣服。

职业着装可分为办公服和特殊职业服。

办公服适合于机关、公司、学校的工作人员，诸如科员、记者、律师、教师等工作时的穿着，男士的普通西装也属于此类。

办公服，有一定的严肃性和庄重感，色彩不能过分华丽、耀眼，不能过分强调装饰、点缀。

特殊职业服，是因某种职业的需要而特制的服装。这种服装一般成为某个职业的标志，如警察、法官、检察官、税务官、海关关员、工商管理人员、城市管理人员、军人、铁路员工的制服等，穿着这些服装有严格规定，一般是在履行职务时才穿，不得随意穿着和外借。

职业着装还有体育运动服、空中小姐服、劳动工作服等。此外，许多酒家、大饭店、大型企业也有自己规定的职业服，校服应算是该类服装的特例。职业服主要是突出其职业特点，体现团体风貌，易于识别。一些单位自己规定的职业服装，一定要注意其社会影响，要有自身的职业特征，切忌款式模仿他人，以致不伦不类。

商务着装，庄重透出高雅

如何按照礼仪要求恰当地选择好自己应穿应戴的衣物饰品呢？就商务工作者而言，总的要求就是要严格遵行国际通行的TPO［Time（时间）、Place（地点）、Occasion（场合），这三点称之为TPO］原则。TPO原则，即着装与时间、地点、场合内容相协调的原则。

1.时间原则

时间原则包含三层含义：一是指一天中时间的变化；二是指一年四季的不同；三是指时代间的差异。

日间是工作时间，着装要根据自己的工作性质的特点，总体上以庄重大方为原则。如果安排有社交活动或公关活动，则应以典雅端庄为基本着装格调。晚间可能被宴请、听音乐会、看演出、赴舞会等社交活动，由于空间的相对缩小和人们的心理作用，往往对晚间活动的服饰比白天活动时的服饰给予更多的关注与重视。因此，晚间着装要讲究一些，礼仪要求也要严格一些。晚间着装以晚礼服为宜，以形成典雅大方的礼仪形象。西方国家有一条明文规定：人们去歌剧院观看歌剧一类的演出时，男士一律着深色晚礼服，女士着装也要端庄雅致，以裙装为宜，否则不准入场。这一规定旨在强调社交场合的文明与礼仪，同时也体现着尊重他人、营造优美环境与氛围的西方社会文化。

另外，一年四季不同气候条件的变化对着装的心理和生理也会产生影响，着装时应做到冬暖夏凉、春秋适宜。夏天的服饰应以简洁、凉爽、轻柔为原则，切忌拖沓累赘，给自己与他人造成不必要的烦恼和负担。冬天的服饰则应以保暖、轻快、简练为原则，穿着单薄会使人看起来唇乌面青、缩肩佝背；而着装过厚，又会显得臃肿不堪、形体欠佳。春夏两季着装的自由度相对来讲要大一些，但仍应注意总体上宜以轻巧灵便、薄厚适宜为着装原则。此外，服饰还应顺应时代的潮流和节奏，过分落伍或过分新奇都会令人侧目。

2.地点原则

地点原则，即环境原则。不同的环境需要与之相协调的服饰，以获得视觉与心理上的和谐感。在豪华的铺着地毯的谈判大厅与陈旧简陋的会客室里，穿着同一套服装得到的心理效应截然不同。与环境不相协调的服装，甚至会给人以身份与穿着不符的感觉或华而不实、呆板怪异的感觉等，这些都有损于商务人员的形象。避免它的最好办法是“入乡随俗”，穿着与环境地点相适合的服装。比如职业女性在衣着穿戴上不能太华丽，肉色蕾丝上衣、丝绒高开衩长裙，会使人怀疑其工作能力，同时也会遭到同性的嫉妒和异性的骚扰。同样，对于一个刚离开校门参加工作年轻职员来说，太清纯、太学生味的装扮也只会让自己显得幼稚、脆弱，让人怀疑其肩上能否挑得起重担；而太前卫的办公室着装只会让人觉得散漫、怪诞、缺乏合作精神。

当一个客户走进高雅洁净的办公环境，白领女性的穿戴会影响他对这家公司信誉的印象。因此，在夏天，下列衣裳和饰物等不该上班穿戴：低胸、露背、露腹、敞口无袖上衣或透明衣裳；一身牛仔或运动服装；裸露一半大腿的超短裙；黑网眼或花图案丝袜、露趾的凉鞋；浓艳眼影、假睫毛、猩红指甲油，1 米外可刺激人打喷嚏的香水；廉价首饰、金脚链。

3.场合原则

场合原则是指服装要与穿着场合的气氛相协调，和从事的职业相匹配，如参加签字仪式或重要典礼等活动。要想让自己显得庄重、大方，表现出诚意或教养，着一套便装或打扮得过于花枝招展都不适宜，不能达到预期目的；只有穿着合体的，质地、款式都庄重大方的套装才合适。

商务人员在不同场合的着装，关键是要让服饰与时间、地点及仪式内容相符。如能按照TPO原则，便可给人庄重、大方、高雅、整洁的好印象，同时也是对宾客或主人的礼貌与尊重。

选好西装，人生潇洒走一回

西装，又称西服、洋服。它起源于欧洲，目前是全世界最流行的一种时装，也是商界男士在正式场合着装的优先选择。西装的造型典雅高贵。它拥有开放适度的领部、宽阔舒展的肩部和略加收缩的腰部，穿在男士的身上，会使之显得英武矫健、风度翩翩、魅力十足。

20世纪初，欧美一些家庭主妇纷纷走向社会，参加工作。随着妇女地位的提高，她们纷纷效仿男性穿潇洒的西装，于是女式西装应运而生，一般为上衣下裤或上衣下裙。女式西装受流行因素影响较大，但根本的要求是要合体，能够突出女性体形的曲线美，应根据穿着者的年龄、体型、皮肤、气质、职业等特点来选择款式。

要使西装穿着得体，就应当认真进行选择。面对庞大的西装市场，怎样选择适合自己穿着的西装呢？

1.西服面料的选择

西服的面料是决定西服档次的重要标志之一。西服面料中羊毛的含量越高，代表着面料的档次越高，纯羊毛的面料当然是最佳选择。商场上的人士，一般应当尽可能地选择精良上乘之物，应当优先考虑纯毛、纯棉、棉毛、棉麻、毛麻、毛涤等面料。纯毛、纯棉、纯麻等面料，不只质地纯天然，而且吸湿、透气、贴身、舒适、外形美观、穿在身上显得较为高档。经济条件如能允许，应对此予以优先考虑。下面介绍几种比较常见的西服面料：

（1）纯羊毛精纺面料

这类面料，大多质地较薄，呢面光滑，纹路清晰。光泽自然柔和，有漂光。身骨挺括，手感柔软而弹性丰富。不易褶皱，即使有，也可在很短时间内消失。属于西服面料中的上等面料，通常用于春夏季西服。

（2）纯羊毛粗纺面料

这类面料，大多质地厚实，呢面丰满，色光柔和，不露纹底。纹面类织纹清晰而丰富。属于西服面料中的上等面料，通常用于秋冬季西服。

（3）羊毛与涤纶混纺面料

有光泽，缺乏纯羊毛面料柔和的柔润感。毛涤（涤毛）面料挺括但有板硬感，并随涤纶含量的增加而明显突出。弹性较纯毛面料要好，但手感不及纯毛和毛腈混纺面料。属于比较常见的中档西服面料。

（4）羊毛与黏胶或棉混纺面料

光泽较暗淡。精纺类手感较疲软，粗纺类则手感松散。这类面料的弹性和挺括感不及纯羊毛和毛涤、毛腈混纺面料。但是价格低廉，维护简单。属于比较常见的中档西服面料。

2.西服颜色的选择

深色：庄重深沉、严肃、凝重，适应于深冬或春寒料峭的季节和庄重的场面穿着。

浅色：色泽亮丽清爽，给人赏心悦目之感。重大礼节性场合适合穿深色西装，像深蓝、深灰、黑色，这些颜色不仅端庄儒雅，而且能将面色衬托得更有光彩。日常工作、娱乐、朋友聚会时则适合穿浅色、暗格、小花纹西装。白色西装最能引人注目，常被用于出席时尚活动。

3.西装款式的选择

正装西服通常有两种款式：单排扣西服和双排扣西服。单排扣西服一般都只有3颗扣子，当然也有 4 颗扣子的，而且只扣其中最上面的2颗或3颗。双排扣西服则有4颗或者6颗扣子，而最上面的一对扣子总是只起装饰作用的（从来也不扣上）。

在开衩的问题上，西服的上装有三种选择：在两个侧面各开一个衩，被称为双开叉，或只在后面的中部开一个衩，被称为单开叉，也可以根本不开衩。单排扣西服可以选择其中任何一种，而双排扣西服只能在两个侧面各开一个衩，或者干脆不开衩。

单排扣的西服目前比较适合年轻人，双排扣则更适合中老年人。单排扣的西服中，双开衩西服显得更为正式，而单开衩的略带休闲风格。

西服成套的裤子裤腰的前面可以打褶，也可以不打褶。你是否喜欢裤腰前面打褶的裤子，这完全取决于你的审美观。

西装规范，规范出你的风度

有了一套合身的西服，还要注意穿着的规范。穿着规范才能展现出穿着者的风度，体现出西服的价值。一般来说，西装的穿着规范有如下几方面。

1.配好衬衫，少穿内衣

衬衫是与西装配伍的重点，选择衬衫要注意其衣领、腰身、长度合身。与西装为伍的衬衫领形多为方领，色彩为单一色，衬衫衣袖要露出西装袖口1厘米左右，以显出层次。衬衫衣领要高出西装衣领，以保护西装衣领，增加美感。不论在任何场合，衬衫的下摆务必塞进裤内，袖扣必须扣上。衬衫最好每天清洗，保持整洁而无褶皱，特别是领子和袖口要干净。一般衬衫里面不要再穿较厚的棉毛衣衫，如天冷必须穿时，一般只能在衬衫外面再套一件西装背心或一件羊毛衫，以不显臃肿为度，且不要把领圈和袖口露出来。

2.系好领带，必穿皮鞋

领带是男士衣着品位和绅士风度的象征，凡在比较正式的场合，穿西装都须系领带。领带的系法有普通结（小结）、温莎结（大结）和小温莎结（中结）三种。领带的长度以到皮带扣处为佳，色彩和图纹一般以冷暖相间为好，而且要与自身的年龄、肤色、爱好相协调；领带夹一般在第四五个扣之间。如衬衫外再穿羊绒线衫，则须将领带置于其间；正式隆重场合要系黑领结或白领结。非正式场合可以不打领带，但应把衬衣领扣解开，以示休闲洒脱。

按照“西装革履”的要求，穿西装应配黑色系带牛皮鞋，并保持鞋面的清亮。参加重大社交活动特别是涉外活动前一定要擦皮鞋，这是对宾客的尊重。旅游鞋或长筒靴等不宜在正式场合穿着。与皮鞋配套的袜子应为深色，忌穿白色袜。

3.巧系纽扣，少装东西

在正式场合站立时，一般应将西装上衣的纽扣系上，就座时将扣解开。如系双排扣西装，应将扣一一扣上，亦可只扣上面一粒，表示轻松、时髦，但不可不扣；单排二粒扣西装，扣子全部不扣表示随意、轻松，扣上面一粒表示郑重，全扣表示无知；单排三粒扣西装，扣子全部不扣表示随意、轻松，只扣中间一粒或上边两粒，表示郑重，全扣表示无知。西裤作为西装整体的另一主要部分，要与上装互相协调，以构成和谐的整体。西裤长度以接触脚背为宜，裤腰大小以合扣后插入一手掌为标准。西裤穿着时，裤扣要扣，拉链要全部拉严。

西装有两件套和三件套之分，三件套则有14个口袋，但无论哪种西装，其口袋应不装或少装东西。外侧左胸袋可放置装饰性手帕；外侧下方的两口袋不宜放任何东西，内侧左右的胸袋可放钢笔、钱包或名片夹，但不宜放过厚的东西，以保持胸部的平挺。三件套的背心的四个口袋用来放名贵的小东西；西裤的左右插袋，用作插手保暖，两个后袋可放实用性手帕，但不宜放成串的钥匙，以保持裤型的美观。

4.熨烫平整

不卷不挽穿在身上的西装要平整挺括，干净爽洁。高档的西装大都采用天然纤维，穿过后因局部受张力而变形，必须让它适当“休息”。一件衣服最好不要连续穿两天以上，且应定期干洗，经常熨烫，正确悬挂。还要切记在穿前拆除袖口处的商标，以免见笑于人。西装的袖口和裤脚不应卷挽，以免给人以粗俗之感。

领带，男人的个性宣言

领带是职场男人的必须装备。小小领带不仅仅能表达一个男人的品位和风度，而且还能成为男人无声的名片。

领带是男人个性的宣言，是男人展示自己的窗口；领带是西装的灵魂，是男士西装最抢眼的饰物。在你的私人空间，你可以喜欢穿什么就穿什么，但在公众场合一定要选一条不会把注意力从你脸上移开的、色调素雅、偏暗的领带。任何一个面对客户、同行或者任何一个团队的男人都应该想一想，自己选择的领带体现了一个怎样的自我。

领带佩戴正确是凸显仪表美的重要方面，不可在此关键之处出问题，即便是小有闪失，也会影响个人仪容形象，应当尽量避免。

1.领带的选择

要打好领带，先要选好领带。选择领带，重要的问题大体涉及其面料、色彩、图案、款式等。

（1）面料。制作领带的最高档、最正宗的面料是真丝。除真丝之外，尼龙亦可制作领带，但其档次较低。以其他面料，例如棉布、麻料、羊毛、皮革、塑料、纸张等制作的领带，大多不适合在正式场合使用。

（2）色彩。从色彩上讲，领带有单色、多色之分。单色领带适用于公务活动和隆重的社交场合，并以深蓝色、灰色、黑色、棕色、白色、紫红色最受欢迎。多色领带一般不应超过三种色彩，可用于各类场合。色彩过于艳丽的领带用途并不广泛，只有在非正式的社交、休闲时使用才不会惹人非议。

（3）图案。用于正式场合的领带，其图案应规则、传统，最常见的有斜条、横条、竖条、圆点、方格以及规则的碎花，它们多有一定的寓意。印有人物、动物、植物、花卉、房屋、景观、怪异神秘图案的领带，仅适用于非正式的场合。印有广告、团体标识、家族徽记的领带，最好不要乱用。

（4）款式。领带的款式，即其形状外观。一般来说，它有宽窄之分，这主要是受时尚流行的左右。进行选择时，应注意最好使领带的宽度与自己身体的宽度成正比，而不要反差过大。它还有箭头与平头之别。前者下端为倒三角形，适用于各种场合，比较传统。后者下端为平头，比较时髦，多适用于非正式场合。

2.领带的打法

打领带时，应对领带的结法、领带的长度、领带的位置、领带的配饰多加注意，只有这样，才有可能将领带打得完美无缺。

（1）领带的结法。领带扎得好不好看，关键在于领带结打得如何。打领带结需要注意三点。

其一，要把它打得端正、挺括，外观呈倒三角形。

其二，在收紧领结时，有意在其下压出一个窝或一条沟来，使其看起来美观、自然。

其三，领带结的大小应大体上与所穿的衬衫领子的大小成正比例。

穿立领衬衫时不宜打领带，穿翼领衬衫时适合扎蝴蝶结。

（2）领带的长度。成人日常所用的领带，通常为130~150厘米。领带打好之后，外侧应略长于内侧。其标准的长度，应当是下端正好触及腰带扣的上端。这样，当外穿的西装上衣系上扣子后，领带的下端便不会从衣襟下面“探头探脑”地显露出来。当然，领带也别打得太短，不要让它动不动就从衣襟上面跳出来。出于这一考虑，不提倡在正式场合选用难以调节其长度的“一拉得”领带或“一套得”领带。

（3）领带的位置。领带打好之后，应被置于合乎常规的既定位置。穿西装上衣系好衣扣后，领带应处于西装上衣与衬衫之间。穿西装背心、羊毛衫、羊绒衫、羊毛背心时，领带应处于它们与衬衫之间。穿多件羊毛衫时（最好不要这样着装），应将领带置于最内侧的那件羊毛衫与衬衫之间。不要让领带逸出西装上衣之外，或是处于西装上衣与西装背心、羊毛衫、羊绒衫、羊毛背心之间，更别让它夹在两件羊毛衫之间。

（4）领带的配饰。在一般情况下，领带上没有必要使用任何配饰。在清风徐来、快步疾走之时，听任领带轻轻飘动，是很能替男士平添一些潇洒、帅气的。有的时候，或为了减少领带在行动时任意飘动带来的不便，或为了不使其妨碍本人工作、行动，可酌情使用领带配饰。领带配饰的基本作用是固定领带，其次才是装饰，常见的领带配饰有领带夹、领带针和领带棒。它们分别用于不同的位置，但不能同时登场，一次只能选用其中的一种。选择领带配饰，应多考虑金属质地制品，并要求素色为佳，形状与图案要雅致、简洁。

领带夹，主要用于将领带固定于衬衫上，因此不能只用其夹着领带，或是将其夹在上衣的衣领上。使用领带夹的正确位置，在衬衫从上向下数的第四至第五粒纽扣之间。最好不要让它在系上西装上衣扣子之后外露。若其夹得过分靠上，甚至被夹在鸡心领羊毛衫或西装背心领子开口处，就显得有点土气。

领带针，主要用于将领带别在衬衫上，并发挥一定的装饰作用。其一端为图案，应处于领带之外，另一端为细链，则应免于外露。使用它时，应将其别在衬衫从上往下数第三粒纽扣处的领带正中央。其有图案的一面，宜为外人所见。但是要注意，别把领带针误当领针用。

领带棒，主要用于穿着扣领衬衫时，穿过领带，并将其固定于衬衫领口处。使用领带棒，如果得法，会使领带在正式场合显得既飘逸，又减少麻烦。

休闲装的穿着，穿衣任我行

休闲装起源于美国，20世纪70年代初，开始成为世界时装界的一个重要部分，并在20世纪90年代形成不可阻挡的潮流影响着人们的穿着风尚，同时休闲装也以锐不可当之势涌入中国，受到人们的青睐。

近年来，随着人们思想观念的改变，特别是回归自然的浪潮一浪高过一浪，便装与休闲装越来越受到商界人士的喜爱。

商务休闲装是一种游走于正装与休闲装之间的、适应各种场合的新款服装。它不仅是一种着装风格，更体现出一种生活态度。它亦庄亦谐，大方亲切；它轻松随意，又自然舒适；它既能充分展现男人的精干而又不失洒脱，同时也使女人在自信端庄中更显妩媚。

其实无论何种穿着、何种打扮，都必须遵守一个原则，那就是搭配和谐。这种和谐主要是指与自己的个性谐调。休闲装有很多种，如果搭配不当会给自身形象带来很大的损害，必须要注重休闲装的搭配。

基础搭配："一个都不能少。"

运动鞋——Adidas、Nike、New等名牌运动鞋原是为篮球等运动而开发的。如今则是牛仔裤搭配服饰中不可或缺的组成部分，不过牛仔裤与运动鞋及T恤衫的搭配是最最"小儿科"的，只有选一条细节或款型上不普通的牛仔裤，才能不同凡响。

高帮鞋——和前几年相比，穿高帮鞋的年轻人越来越多。高帮鞋最初是为登山制作的，并非适合配所有的牛仔裤，哪一种高帮鞋与何种款式的牛仔裤般配，还得亲自穿上试一试！

T恤衫——蓝色牛仔裤配白色T恤衫可谓是最"正统"的搭配，胜在年轻、朝气。T恤衫最好选择较紧身的款式，穿在身上稍稍显紧，配上直筒形牛仔裤会十分潇洒。

西服上衣——西服上衣里穿格子图案的衬衫，再系上领带，配直筒形牛仔裤为最佳。西服上衣、衬衫及领带的选择要谨慎。

西服上衣可选3粒纽扣的款式，以显得随意。上衣里也可不穿衬衫而配以T恤。

牛仔衫——白色的牛仔裤配白色的牛仔衫，内穿自然色系的T恤衫，是一款得体的搭配。当然，蓝色的牛仔裤只可以配蓝色的牛仔衫，只是，牛仔衫裤相配时，应注意上下衣裤的色泽，即应选择同样褪色程度的衫裤，以免不协调。

鞋袜的穿着，三分衣服七分鞋

鞋子和袜子被西方国家称作“脚部时装”和“腿部时装”。鞋子在整体着装中具有重要地位。一双得体的鞋子，能为全身的服装添色增辉，它不仅能够映衬出服装的整体美，更重要的是它还能增加人体本身的挺拔俊美。

在正式或非正式场合，男性一般着没有花纹的黑色平跟皮鞋，女性一般着黑色半高跟皮鞋。露脚趾的皮凉鞋是绝对禁止在礼仪场合穿着的。旅游鞋、布鞋、各式时装鞋与西装都是不相配的。在欧美国家，会议、谈判、舞会、庆典、拜访或接待重要的贵宾等场合是不允许穿凉鞋的；否则，会被认为缺乏教养，不懂礼貌。

在正式场合，应穿长筒丝袜或裤袜，白天可穿肉色或浅色的，晚间活动可稍深；不宜穿短袜，更不宜将内穿棉毛裤显露出来。皮鞋的颜色、款式应与衣服、手包相配套。一般地，鞋的颜色应与衣服的下摆一致或更深一些。衣服从下摆开始到鞋的颜色一致，可以使大多数人显得高一些。1984年春，里根总统夫人访华时，挑选面料做旗袍。她先看中一种金色的织锦缎，但考虑到没有带金色的皮鞋与之配套，便改选一款以深红色为底色的中国织锦缎旗袍。在里根总统的告别招待会上，她穿上这件深红底色的中国织锦缎旗袍，配上一双深色的高跟鞋，显得特别雍容华贵，无懈可击。

袜子的穿着也是重要的一环。在礼仪场合，绝不能赤足穿鞋。正式或半正式场合，男性应着颜色素净的中长筒袜子，这样可避免坐下谈话时露出皮肤或浓重的腿毛。袜子颜色以单色深沉最好，带条纹、方格图案，但图案又不显眼的也可以，色调应比裤子深一些，以使它在裤子和鞋之间呈现一种过渡色。女性着肉色长筒丝袜，配长裙、旗袍最为得体。浅肉色可以使皮肤罩上一层光泽，显得细腻娇嫩，深肉色可以给人以一种修长健美的感觉。长筒袜的长度一定要高于裙子下部边缘，且留有较大余地；否则，一走动就露出一截腿来，极为不雅。

在正式场合着裙装，不穿袜子也是不礼貌的。应当在办公室或工作场所预备好一两双袜子，以备袜子钩破时换用，而且外出工作时最好备用几双袜子，当和日本客人打交道时更应如此，因为在进他们的餐厅小间时，要脱去鞋子换上拖鞋。此时，若袜子有破洞或不整洁，就会很尴尬。

鞋袜的选择要注意与整体装束搭配，其颜色应当与发带、表带等保持一致，这样才能体现出穿着的整体美。

女性的体型与着装艺术

人的体型差异很大，十全十美的人很少。理想的体型，要求躯干挺直，身体各部分的骨骼都要匀称。胖、瘦或腿短、臀宽等不完美的体型，在礼仪活动中都可能成为不利因素。但若能了解自己的体型缺陷，扬长避短，便可顺利应付任何社交活动。

体型较好的人，对服装款式的选择范围较大，着装时应该更多考虑的是服装与肤色、气质、身份、场合等的协调。

体型较胖的人最好着上下一色的深色套装。裤子的长度应略长一些，裤腿略瘦。

肩窄臀宽的人，应该注意使用垫肩，使肩部看上去宽些，也可以在肩部打褶以增加宽度，可以选择束腰的服装以衬托肩部的宽大。忌穿插肩上衣、宽大的外套和夹克衫，忌穿无袖上装、长而紧袖上装。腰粗的人应选肩部较宽的衣服，以产生肩宽腰细的效果，女士不宜穿腰间打褶的裙，不要把衬衫扎进裙子或裤腰中。

腿较短的人，可以选择上衣较短，裤稍长的服装。腿较粗的人，宜穿上下同宽的深色直筒裤，过膝的直筒裙，不宜穿太紧的裤、太短的裙。

服装的面料及质地不同，花型不同，会造成大小形象上的不同感觉。像粗呢、厚毛料、宽条绒等，这些面料如使用不当，使胖人看上去更胖，增加笨重感觉。发亮的料子，比如绸缎和一些化纤面料，使人看上去丰满，胖人穿上也会显得更胖。大花型的面料有扩张的效果，它使瘦人看上去丰满一些。小花型的面料也能使丰满的人看上去苗条些。花色面料还可以适当修饰体型有缺陷的部分，比如女士胸部不够丰满，可穿花色上衣弥补。

裙装搭配出女人的风情万种

飘逸摇曳的裙装，加上女人的婀娜多姿，那种女性特有的柔媚、娉婷、清丽的风姿被展露无遗，裙装还有一个突出优点就是比较容易与其他服饰搭配。

在女性众多的衣装中，与其他服饰相比，裙装最具有律动感，变化也是最频繁丰富。裙子可以充分修饰美化女性的身材，使自己体型的完美部分得到充分展示，不足之处得到恰到好处的掩饰。例如，上身较长双腿较短的女性，可以选择上装仅及腰部、裙子长及小腿的裙套装，利用裙装的上短下长，掩盖腿部粗短的缺点，或者选择高腰节式样，扎一条较宽的深色调裙带。对中年妇女来说，穿裙装比长裤更能显出女性的风韵。西装裙、有褶或无褶的各种式样的直裙，应是中年裙装的主流。着裙装上衣的搭配很重要，衣裙料相同的套装裙高雅庄重；衣裙色调成反差对比则显得活泼；着短裙配长外套是近年流行的时装，它比正统的西服套裙更为潇洒；羊毛衫配裙装则能显示出随意性，也更能突出中年妇女的典雅气质。

穿裙子要注意宽松适当，长短适中，合乎体型，裙装造型与体型特征要互补互衬。比如，高大丰满的女性穿一套上衣长度过腰，裙子长度及膝的西式裙套装比较合体，矮个子女孩最好选择上下色调统一的套装裙或连衣裙。身材修长的女性服饰选择可以随意，可以收紧也可以夸张，但要取得最完美的着装效果，应当注意选择合体的裙装，可以增加服饰的造型美与身体匀称美。

裙装变化多端，要求女士们敏锐的眼光和洞察力，吸取能增加魅力的元素，这样才能走在时尚的前端，但又有自己独特的风格。

古典旗袍风，更显女人美

旗袍是我国独有的、富有浓郁民族风格的传统女装。旗袍用流畅的曲线造型十分贴切自然地勾勒出东方女性躯体的婉柔美，体现出含蓄凝重的东方神韵。高领斜襟，是旗袍的神来之笔，下摆的长长开衩，在严谨中透出轻松活泼，并便于行动。

旗袍造型流畅、缝制简便，在夏季可以用棉布、丝绸、麻纱等面料制作，在秋冬季可用锦丝绒、五彩缎制作，也可挂上全里，既保暖又华贵。在社交场合用精致高档的旗袍做礼服，典雅高贵，不失雍容风度。日常穿用可选择花素全棉府绸或涤棉细布制作的旗袍，既朴素又大方。选用小花、素格、细条丝绸制作的旗袍，可表现出温柔、稳重的风格。

作为礼服的旗袍，最好是单一的颜色，一般常在绸缎面料上刺绣或饰物。面料以典雅华丽、柔美挺括的织锦缎、古香缎和金丝绒为佳。为了体现女性的端庄，旗袍的长度最好是长至脚面，开衩的高度，应在膝盖以上，大腿中部以下。穿无袖式旗袍，不要暴露其内衣，冬天可配以披肩，但不适合戴手套。

穿旗袍也要注意以下几点。

（1）与鞋子、饰物的搭配。金、银、珍珠、玛瑙等精致的项链、耳坠、胸花等是旗袍的传统伴侣。最新的伙伴是小巧而璀璨的名表，和怀旧的旗袍撞击出时代感极强的火花。着旗袍可配穿高跟鞋或半高跟鞋，或配穿面料高级、制作考究的布鞋，或绣花鞋。

（2）穿旗袍展示的是女性的高贵与优雅，所以应当避免一些不雅观的形体动作。例如，站立或坐下时两腿分开，弯腰驼背；大步走路或跑步，骑自行车更不可以。穿旗袍就要腹挺背直，走姿、坐姿、站姿和谈吐都要保持文静优雅，才能与旗袍的风格相衬。

（3）与旗袍搭配穿着的服饰有裘皮大衣，毛呢大衣，小西装，开襟小毛衣和各种方型大披肩，这些都要注意色彩要与旗袍的协调，还要根据不同的环境选用。

（4）不管你的个子高矮，选择及膝的旗袍比长及脚面的要轻盈得多，也给漂亮的鞋子更多发挥余地。

（5）旗袍不是只能搭配盘成一个髻的发型，虽然安全，却未免有些保守和过时。干练的短发女性尽可以尝试高领旗袍，现代的搭配美学强调的就是一点点刻意的不和谐。

（6）不要在商场里购买流水线上下来的成品，到有设计师挂牌的中式特色小店去，那里不仅有独特的面料、合身的剪裁，最重要的是可以避免低俗的设计。

第 5 章

身姿形象——举手投足间身价倍增

行如风，走出你的个性风格

人走路的形态能反映出一个人的个性、情绪及修养等，是人形象的一部分，要想塑造良好的形象就不得不注意走姿。

不同的人走路姿势有所不同，所以我们可以通过这些不同特征将我们的朋友从杂乱的人群中分辨开来。有一些特征是由于躯体本身的原因造成的，另一些却不是，如速率、跨步的大小和姿势会随着情绪的变化而改变。如果一个人很高兴，他会脚步轻快；反之，他就会双肩下垂，走起路来好像鞋里灌了铅一样。莎士比亚在《特尔勒斯和克尔斯达》一书中有一句对一只大公鸡走路姿势的描述，文字极为生动：“这个高视阔步的运动家，以自己的脚筋而自豪。”一般说来，走路快且双臂摆动自然的人，往往有坚定的目标，并且能锲而不舍地追求；习惯于将双手插在口袋中，即使天气暖和也不例外的人，常常爱挑剔，喜欢批评别人，而且颇具神秘感，常常显得玩世不恭。

情绪不高的人走路时，往往两手插在口袋中，拖着脚步，很少抬头注意自己是往何处走。

走路时双手叉腰，上身微向前倾的人，如同短跑运动员，他想选最短的途径、以最快的速度来达到自己的目标。当他似乎无所作为时，往往是在计划下一步的重要行动，并且积蓄了能突然爆发的力量，那叉起的前臂就像代表胜利的V字形一样，成为他的特征。

如果一个人心思较重，走起路来常会摆出沉思的姿态。譬如头部低垂、双手紧紧交握在背后。他的步伐很慢，而且可能停下来踢一块石头，或在地上捡起一张纸片看看，然后丢掉，那样子好像在对自己说："不妨从各个角度来看看这件事。"

如果一个人采取墨索里尼式的走路姿势，那么他是一个自满甚至傲慢的人。他的下巴抬起，手臂夸张地摆动，腿是僵直的，步伐慎重而迟缓。

我们经常会看到一些成功人士矫健的步伐带给人们一种健康与活力感。他们坚定的步伐透露出他们对事业与人生的自信，而别人也从他们的步伐中看到希望，得到自信，从而愿意和他接近、交流。这些成功人士也便走出了自身的魅力。

一位老板虽然他的公司濒临倒闭，但是人们从他的身上丝毫看不出颓废的气息。他一如既往、坚定有力的脚步让投资者看出了他的自信和能力，因此愿意为他投资。后来，他东山再起，又有了蒸蒸日上的事业。

有魅力的步伐能带来这么大的收益，那么怎样才能让自己的走姿也具有如此大的力量，给别人一个好印象呢？

走路要有魅力，其要领是：走路用腰力，要有节奏感。拖着脚步走，更显得没风度。切记不要弯腰驼背，这样会显得没有骨气和气质。速度要适中，要有节奏感，这样显得沉着、稳健。

人的正常行走姿势，应当是身体挺立，两眼直视前方，两腿有节奏地向前迈步，并大致走在一条等宽的直线上。行走时要步履轻捷，两臂在身体两侧自然摆动。走路时步态美不美，是由步度和步位决定的。如果步度和步位不合标准，那么全身摆动的姿态就失去了协调的节奏，也就失去了自身的步韵。

所谓步度，是指行走时两脚之间的距离。步度的一般标准是一脚踩出落地后，脚跟离未踩出脚脚尖的距离恰好等于自己的脚长。这个标准与身高成正比例关系。即身材高者则脚长，步度也就自然大些；身材矮者则脚短，步度也就自然小些。所谓脚长，是指穿了鞋子后的长度，而非赤脚。但步度的大小与穿什么样的服装与鞋子也有关系。例如，女同志身着旗袍，脚踏高跟鞋，那么步度肯定比穿长裤和平底鞋小得多。所谓步位，是指行走时脚落地的位置。走路时最好的步位是：两只脚所踩的是一条直线，而不是两条平行线。特别是女性走路时，如果两脚分别踩着左右两条线走路，是有失雅观的。步韵也很重要。走路时，膝盖和脚腕都要富有弹性，两臂应自然、轻松地摆动，使自己走在一定的韵律中，显得自然优美，否则就会失去节奏感，显得非常不协调，看起来会很不舒服。

男性穿西装走路时，要抬头挺胸，由腰部直着踢腿，才能显出活力。走路时不要无精打采，要对自己走路的姿势有信心，才会潇洒自如。

对走姿的要求是“行如风”，即走起路来像风一样轻盈。当然，不同情况对行走的要求是不同的。一般来说，标准的行走姿势，要以端正的站立姿势为基础。

1.基本要领

走姿的基本要领是：双目向前平视，面带微笑收下颌。上身挺直，头正、挺胸收腹，重心稍前倾。手臂伸直放松，手指自然弯曲，摆动时要以肩关节为轴，上臂带动前臂向前，手臂要摆直线，肘关节略屈，前臂不要向上甩动，向后摆动时，手臂外开不超过30度。前后摆动的幅度为30～40厘米。

2.步幅和步位

走路时姿势美不美，是由步幅和步位决定的。步幅是指行走时两腿之间的距离。步幅一般标准是一脚迈出落地后，脚跟离未迈出的另一脚脚尖的距离恰好等于自己的脚长。身高超过1.75米以上的人的步幅约是一脚半长。步位是指你的脚下落到地上时的位置。走路时最好的步位是：两只脚所踩的是一条直线而不是两条平行线。

3.美感在于和谐

走路用腰力，要有韵律感。如果走路时腰部松懈，就会有吃重的感觉，不美观；如果拖着脚走路，更显得没有朝气，十分难看。优雅的步姿有几句口诀：“以胸领动肩轴摆，提髋提膝小步迈，跟落掌接趾推送，双眼平视背放松。”走路的美感产生于下肢的频繁运动与上体稳定之间所形成的对比和谐，以及身体的平衡对称。要做到出步和落地时脚尖都正对前方，抬头挺胸，迈步向前。

4.应注意的问题

走路时应注意，最忌内八字和外八字；不要弯腰驼背、歪肩晃膀；不要步子太大或太碎；走路时不要大甩手，扭腰摆臀，左顾右盼；上楼不宜低头翘臀，下楼不宜连蹦带跳；不要双腿过于弯曲，走路不成直线；不要脚蹭地面；不要双手插进裤兜；多人一起行走时不要排成横队；有急事要超过前面的行人，不得跑步，可以大步超过并转向被超越者致以歉意。

站如松，站出你的气质风度

日常生活中人们最常见的姿势就是站姿。古人要求“站如松”，就是要求站立时像挺拔的青松一样端庄、伟岸，显示出一种自然美。

人们在生活中常常是站立的。站立时，应头正颈直，双眼平视前方，嘴唇微闭，下腹微收，挺胸直腰，双肩保持水平，两臂自然下垂，腿伸直，下体自然挺直，脚跟并拢，身体重心落在两脚之间。

站立后，竖看要有直立感，即以鼻子为中线的人体应大体成直线；横看要有开阔感，即肢体及身段应给人以舒展的感觉；侧看要有垂直感，即从耳与颈相接处至脚的踝骨前侧亦应大体成直线，给人以一种挺、直、高的美感。

男女的立姿略有不同，形成不同侧重的形象。男子站立时身体重心放在两脚中间，不要偏左或偏右；双脚与肩同宽而立；双手可自然下垂，必要时可单手或双手在体后交叉。男子应站得英俊洒脱，挺拔舒展，精神焕发。

站立时应克服不雅的立姿，包括站立时弯腰驼背、身体倚门靠墙或靠柱、左右摇晃、歪头斜脖、撅臀屈腿、双脚交叉、叉腰斜立等。不雅的立姿给人以懒惰、轻薄、乏力、不健康的印象，是有损交际形象的。

优美的站立姿势，关键在于脊背的挺直。挺拔、立腰、向上是训练站姿的最基本要领。

1.挺拔

站立时要让身体主要部位尽量舒展，做到头不东倒西歪，脖不前伸，颈部直起，背不驼，胸不窝，肩不耸，腰部挺直，髋不松，膝不打弯。这样就会给人以肢体挺拔、精力充沛之感。

2.立腰

端正的脊柱是构成人体线条美的根本。脊柱本身并不是笔直的，从身体正面或背面看，脊柱是垂直的；从身体侧面看，脊柱是弯曲的，有一条正常的弧线；颈椎与腰椎向前弯曲，胸椎与骶椎向后弯曲。站立时，下颌微收，胸挺起，腰部立直，臀部肌肉以及腿部肌肉保持适度紧张状态，就能使人体脊柱的正常生理弯曲成弧线，保持正常和适度，即达到给人以端正直立的形象。

3.向上

站立时，头要正直，有悬顶感，好像你的头顶被一根绳索悬吊着似的。身体重心向上的人，给人以精神振奋之感。重心偏低的人，常给人一种衰老和懒散之感；站立时，要收臀，用力收缩臀部两侧肌肉和股肌，使之向大腿内侧包紧，并适度提髋向上。此时双腿直立，脚掌要用力下压，上下抵住帮助夹紧臀肌，可使躯干保持直立最佳状态；站立时，要收腹，在臀部收紧时，腰背肌肉会收缩向前，出现挺腹。这时小腹要向后收紧，把气向上提到胃的高度。但不要提得过高，过高就会出现挺胸和身体僵硬状态。要使臀肌向前收缩和腹肌向后收缩的两种力量，相互抵住向上拔高。这样你就掌握了正确的站姿了。

坐如钟，坐出你的修养风范

坐姿不同，所表达的意义或所展示的思想情感也就不同。观察一个的坐姿，可以大致看出他的内在修养和为人方式：

1.要正确识别不同坐姿所表达的内涵

通常男性微微张开双腿而坐，是“稳重、豁达”的表示，而将一只腿架在另一只腿上，即跷二郎腿的坐姿常是“轻松、自信”的表示；“4”字形搭腿坐姿，所显示的往往是争辩或竞争性的态度；将腿自右向左交叉呈标准交叉姿势又常常表示的是紧张、缄默或防御的态度等。

2.要根据具体的语言环境选择恰当的坐姿

人际交往活动中语言环境通常是由交往的对象、目的、空间场地等要素组合而成的，而不同的语言环境对男人的坐姿要求有所不同。在比较严肃的场合，应当注意要采取正规坐姿，通常是身体挺直、双脚并拢或略微分开，手自然放在膝盖或椅子扶手上；在比较随意的场合下，坐姿也可以随便一些，如腿可以交叉叠放，手的位置也可以随意一些，上身可保持正直或稍微前倾，双脚不宜过于前伸，在无桌子或其他物体支撑的情况下，常可以肘撑膝，手托下巴，但要注意身体不要逐渐放松下落；若坐在有靠背的椅子上，则应该坐在椅座中后部，腰背要自然地靠在椅背上。

3.要注意纠正不规范不礼貌的坐姿

在人际交往中，这样一些坐姿通常是不规范、不礼貌的：

第一，骑跨椅子的坐姿，据观察，骑跨椅子的男人通常在人际交往中所显示的心态，是在面临语言威胁时所做出的防卫行为或为显示自己压制别人谈话而做出的姿态，而这种坐姿经常给人一种放肆或处于主导地位的印象，因而是一种十分消极的人体语言信号。

第二，上身不直、左右摇晃或猛起猛坐，弄得桌椅乱响往往显得修养不够。

第三，4字形叠腿，并用双手扣腿，不断地晃动脚尖常常显示出的是过于傲慢、目中无人。

第四，双腿分得太开，并且伸得太远也是不雅观的坐相。

手势，“打”出吸引力

在人际交往中，有人会用各种手势来传达不同的信息，比如说：友好、真诚、自信、高傲、专横、焦虑等，手势是构成个人形象的重要部分，你可以根据需要选择不同的手势增强你在别人心目中的形象感。

手势按动作意义的不同可分为：拱手、招手、挥手、摆手、摇手、握手等动作。按作用的不同，手势还可分为下面4种：

1.情绪性手势

即用手势表达思想情感。比如，高兴时拍手称快；悲痛时捶打胸脯；愤怒时挥舞拳头；悔恨时敲打前额；犹豫时抚摸鼻子；急躁时双手相搓；而用手摸后脑勺则表示尴尬、为难或不好意思；双手叉腰表示挑战、示威、自豪；双手摊开表示真诚、坦然或无可奈何；扬起巴掌用力往下砍或往外推常常表示坚决果断的态度、决心或强调某一说法。情绪性手势是说话人内在情感和态度的自然流露，往往和表露出来的情绪紧密结合、鲜明突出、生动具体，能给听者留下深刻的印象。

2.表意性手势

即用手势表明具体内容，表达特定含义。这些手势大多数是约定俗成的，含义比较明确。如招手，表示让对方过来；摆手，表示不要或禁止；挥手，表示再见或致意；竖大拇指，表示第一或称赞；伸小指，表示最小或蔑视；用手指指自己的胸口，表示谈论的是自己或跟自己有关的事情。手势的表意动作也属于人的一种自觉动作，也有特定场合、特殊情况下的手势表意，如聋哑人的哑语主要通过手势表意，还有交通指挥、体育裁判等，在这些公众场合，语言不便使用，人们往往借助手势表示特定的含义。

3.象形性手势

即用手势来摹形状物。如说东西很大时，用双手合成一个大圆，说某人个子很矮时手板往下一压。象形性手势能使所表达的内容更形象、更生动。

4.象征性手势

即用手势表达某一抽象的事物或概念。如说“我们一定要取得这次谈判的胜利”时，手掌用力向前方劈去；说“迎接更加美好的明天”时张开双手，徐徐向前；说“我们成功了”时双手握拳，用力向上挥动。

在现实生活中或者是电视上等，我们经常会发现有些人在发言时，常常会有一些手部动作，摊双手、摆动手、相互拍打掌心，等等，好像是对他说话内容的强调。这种人无论在什么场合都习惯于把自己塑造成一个领导型人物，做事果断、自信心强，很有表现欲，性格大都属于外向型。

给对方递烟或其他食物时，一些人嘴里说“不用”“不要”，但手却伸过来接了，显得很客气的样子。这种人处事圆滑、老练，不轻易得罪别人。

一些人在与人交谈时习惯于时不时地抹一抹头发，他们一般都性格鲜明、个性突出、爱憎分明，尤其疾恶如仇。

一些人在说话时与别人拍拍打打，这种人通常修养不高，或者是故意与对方套近乎。

当别人讲话时，一些人以手在桌上叩击出单调的节奏，或者用笔杆敲打桌面，同时脚跟在地板上打拍子，或抖动脚，或用脚尖轻拍，这种节奏并不中途停止，而是不断地嗒嗒作响。这种现象就是在告诉人们他已经对对方所讲的话感到厌烦了。

一些人顺手拿过或摸出一张纸来，在纸上乱涂乱画之余，还会欣赏或凝视自己的“作品”。这也是一种对别人的讲话缺乏兴趣的表现。

这些手势语虽然属于交往中的细节，但是它的重要性却足以引起我们强烈的关注。

汤姆走出那家公司的大门时，满脸失望，他回忆着面试的细节，觉得自己的面试虽然感觉紧张，但对一些专业知识回答得还算完善，为什么就落选了呢？难道真像其中一位面试官所说的因为自己的两手不停地搓动让人感觉他并不自信，这点细节就真的那么重要吗？

我们同别人相处，都希望能给对方留下一个好印象，展现自己美好的形象。但是一些被我们忽略的“小动作”经常会为我们的形象抹黑，因为手势语通常对语言有巨大的辅助作用，有的时候甚至独立起着重要的作用。

第一，沟通信息。正常人的手势在许多情况下可以反映出人的心态。外交官是最会控制眼睛、脸部表情等来掩饰他的内心，但是往往对手的控制不佳就会暴露他的真实心态。因此有人说，从外交官的手上能得到在眼里与脸上得不到的东西。特定手势会传达出特定的信息。聋哑人更是凭借手势来沟通信息，经过训练，聋哑人可以很快掌握手势的含义。

第二，反映做手势人的修养、性格。比如说握手，这个小小的手的动作，就可以看出握手人的性格、修养、心态。不同性格、修养、心态的人，握手的掌心朝向、时间长短、力量强弱、用双手还是单手握等是不同的。

第三，反映不同的民族文化。仍以握手为例，法国人在进出一个房间时都要握手；而德国人只握一次手；一些非洲人握手之后会将手指弄出清脆的响声，表示自由；而美国人的握手像力量竞赛。典型的美国式握手是所谓“政客式”握手，在竞选的时候，候选人以右手抓住对方一只手，再以左手握在上面；或以右手握手，用左手抓住对方的前臂或右肩臂。因此，通过观察握手的方式，就可以判断出握手双方的民族文化。

研究表明，职场中有一种很普通的现象就是那些自信的佼佼者经常使用塔尖式手势，以显示他们的高傲情绪。在上下级之间，这种手势主要用来表示当事者“万事皆知”的心理状态。如某些大公司的总经理在给他的下级传达指示时经常使用这一手势，某些做报告的领导，常常坐在讲桌旁，双臂支放在桌子上，双手不由自主地形成塔尖式。这种手势在会计、律师、经理、单位领导和同类人中间显得更普遍。

在手势语中，一个使用较多，但又不太引人注目却对人有较大影响力的交际信号，就是人们用手掌传递出的交际信号。一般说来，掌心向上（不能是将这向上的手掌抽到体后做攻击状）是一种最善意、最友好的掌势。掌心向上是一种表示诚实、谦逊和屈从的手势，不带任何威胁性。它常使人联想起沿街乞讨人的乞求手势。当你指示别人帮你搬箱子时，如果对他使用这一手势，他绝不会因此而感到有任何的强制性，而且，在正常的上下级之间，被指示者也不会因此而感到有任何威胁成分。

谈话时巧妙运用手势，即使说话内容并不是那么吸引人，你也能散发出热情四溢的光芒，给对方留下深刻的印象和感染力。

手势很好地弥补了语言上的缺憾，你的喜怒哀乐、内心的焦灼、顾虑和那些用语言难以表达的情绪，都可以通过手势很好地传达给别人。我们记得周恩来总理坚定有力的手势，它让所有的听众充满了信念和力量。

有些学校为了帮助学生理解手势语的丰富意义，他们会在讨论课上要求每个学生都要站起来发言，而且在发言的过程中要配合不同的手势。结果教室里洋溢着热情活泼的气氛，那种激动人心的力量是难以想象的。

行为举止，举手投足发散魅力

行为举止体现一个人的修养，交谈和出席任何场合都要符合一定的标准，举止得当，注意细节，才能给别人留下好的印象。长期以来人们在举止方面有约定俗成的规则，基本要求是人们的言行举止在不同场合要使用得当。

礼貌举止有点头、举手、起立、鼓掌、拥抱。具体要求有如下几方面。

1.点头

这是一种最常见的礼貌举止，经常用于与熟人打招呼。用点头来打招呼时，点头者应用眼看着对方，面部略带微笑，等对方有表示时再转向他方。点头打招呼也可以在较大的迎送场合使用，当迎送者较多或距离较远时可以用点头表示敬意，也可以点头和握手配合使用。

2.举手

这是一种与对方较远或交臂而过时间仓促时的打招呼方式，也是一种常见的礼貌行为举止。由于条件所限，打招呼是最合适的，用这种随机的礼貌举止可以消除对方的误会，并感到与正常招呼差不多的满意。这种方式不但可以表示认出对方，而且还可以在短距离内表达你的敬意。

3.起立

这是一种在较正式场合使用的，位卑者向位尊者表示敬意的礼貌举止。常用于集会时对报告人到场或重要来宾莅临时致敬。

4.鼓掌

这是在社交场合表达赞许或向别人祝贺等感情的礼貌举止。正式的社交场合，重要人物出现、精彩演讲或表演结束皆可鼓掌。

5.拥抱

这是传达亲密感情的礼貌举止。在国外，特别是欧美国家应用广泛。我国通常用于外交活动中的迎来送往场合，偶尔也用于久别重逢、误解消除等难以用语言来表达强烈感情的特殊场合。

不礼貌的举止主要有以下几种，它会影响到你的气质，一定要避免。

第一，抖动腿脚。抖动腿脚能消除紧张情绪，也适合办公室一族锻炼腿部。但在社交场合却是一种很不文明的举止，是缺乏自信心的下意识举动，而且，抖动腿脚还会带动座椅摇动，影响他人、让人反感。

第二，挠头摸脑。在交谈中下意识地挠头摸脑也是一种不文明的举止。这个举动经常被人忽视不注意，这种不自然的动作既不卫生，又显示出你的拘束与怯场，会造成他人对你的轻视，认为你社交经验少。

第三，揉鼻挖耳。在公开场合，揉鼻挖耳都是不文明的举止，它不但容易给人带来感官上的刺激，而且还会让人感到你很傲慢、不懂礼貌。

另外，还要注意，在交际中，男士应表现出刚劲、强壮、英勇和威武之态，给人一种强壮的美感，而不要忸怩作态。阳刚的表现不等于粗野，满口脏话，衣冠不整，不拘小节，也不是故作姿态、装腔作势，这样是“粗野”，是一种缺少教养的表现。良好的表现是要在交际中自然大方、从容不迫、谈笑自如，说话和气、文雅谦逊，尊重别人。而当男士以主人的身份出现时往往是社交成败的关键，他要热情地接待每一位来访者。对来访者相见时，要热情地握手问候，分别时要礼貌道别。

在交际中女士则要表现得举止优雅得体，要表现出女性的温柔、娴静、典雅之美，动作要轻柔自如，经常面带微笑，笑容自然，使人感到亲切友善，在公开社交场合，女士举止应自然大方，不要忸怩作态，不要轻佻，更不可挤眉弄眼，过分地装出副笑脸，给人的感觉就如同献媚。在青年男女共同社交场合，女子之间切忌交头接耳窃窃私语，以及发出一些使人莫名其妙的笑声。女士担任主人的职务时应注意男士的处境，当一位男士身处几位女士之中，他会感到不自然。这时女主人应主动“出击”，找出共同话题。当女士被男士邀请时，不要断然拒绝或含糊其辞，如不能赴约，应给予解释或婉言谢绝，更不可出言不逊使人难堪。

在与人来往时，除了需要避免不文明举止外，与人交谈时还应该注意交谈时双方的距离。距离过近或过远都会有失礼貌。距离过远，会使交谈者误认为不愿与之接近，有拒人千里之外的感觉；距离过近，稍有不慎就会把唾沫溅到别人脸上，或者口中或身上的异味被别人闻到，令人生厌。如果对方是异性，对距离的保持不适当，还会使之戒备或者被他人误会，特别是未婚男性与未婚女性之间。如果男性有吸烟史或口臭等口腔之疾，更要注意自己的形象，不要忘乎所以地谈论，要考虑别人的感受。那么，与人交谈时到底保持怎样的距离才算合适呢？这要根据具体情况而定，一般0~45厘米为亲密距离，45~120厘米为熟人距离，120~300厘米为社交距离；360~800厘米为公众距离。

第 6 章

细节形象——凸显你的素养和魅力

保持仪表的整洁大方

要求仪表仪容干净、整洁，就是要做到并保持无异味、无异物，坚持不懈地做好仪容细节的修饰工作。

干净、整洁是个人礼仪的最基本要求。这里包括面容、头发、脖颈与耳朵、手、服饰等方面的整洁。面容看上去应当润泽光洁；耳朵、脖子应当干干净净。不要小看这一点，面部是一个人最突出的代表部分。面容是否洁净，皮肤是否保养得当，看上去是有生气、有光泽，还是灰暗、死气沉沉，都直接关系到他人对你的印象。一个有教养的人，绝不会是那种不修边幅、蓬头垢面的人。

头发常常没有像面容那样受人重视，但假如你希望改善自己的形象，就应把头发作为重要环节来考虑。关于发型风格及设计原则，此处就不谈了，这里只强调一点，即保持头发的干净整洁。头发松软亮泽，加上整齐的发型梳理，衬出光洁的面容，才能展现你良好的素养和气质。注意不要让你的上衣和肩背上落有头皮屑和掉落的头发，因为那样就会给人一种不整洁的感觉。

有了光洁的面容，整齐的头发，还要注意手的清洁。如果伸出的一双手很脏，那美好的印象一下子就被打破了。在人的仪表中，手占有重要的位置。一个仪表风度不凡的人，绝不会有又黑又长的指甲。

一般来说，男性不宜留长指甲，女性如果留长指甲，一定要修剪整齐，并保持洁净。

要求仪表仪容简约，就是在整理、修饰仪表仪容时，要力戒雕琢，不搞烦琐；力求简练、明快、方便、朴素。要求端庄大方，就是要求端庄、斯文、雅气，而不花哨、轻浮、小气。

修剪头发时，对于男性来讲，应当求短忌长；对于女性来讲，则不提倡留披肩发。偏爱披肩发者，在工作岗位上有必要将它暂时盘束起来。如果染发，颜色宜与本身发色相近。

修剪指甲，总的要求是忌长。除了必要的指甲保养，不宜做过于张扬的彩绘。

切记“修饰避人”的原则。在进行仪表仪容修饰、整理时，务必要自觉回避他人，以示对己对人的尊重。女士需补妆时，应到洗手间内进行。

男士不化妆，以修面、理发为主，但也可少量用护肤霜、香水等；女士要以淡妆为主，达到容貌端庄自然、健康的效果。

根据着装、自身特点、场合需要，选择佩戴饰品。佩戴饰品时应符合佩戴要求，以点缀为主。

注意身体细节的修饰

一位女士走进一家商店想买一些丝带，但是当她看见女售货员的手时，她改变了主意，到别处去买了。她说："精美的丝带被这种脏手指摸过后，不可能不掉档次。"在平时的生活中尤其要注意身体细节的修饰。

牙齿是口腔的门面，牙齿的清洁是仪表仪容美的重要部分，而不洁的牙齿被人认为是交际中的障碍。保持牙齿清洁，首先要坚持每天早晚刷牙消除口腔细菌、饭渣，防止牙石沉积。刷牙时不要敷衍自己，应该顺着牙缝的方向上下刷，牙齿的各部位都应刷到。如果牙齿上有不易去除的牙垢，或是牙齿发黄，可以去医院或专业洗牙机构洗牙，以使牙齿看起来更加洁白、健康。此外，不吸烟、不喝浓茶是防牙齿变黄的有效方法。

口腔有异味，是很失风度的事情。平常最好不吃生葱、生蒜一类带刺激性气味的食物。每日早晨，空腹饮一杯淡盐水，平时多以淡盐水漱口，能有效地控制口腔异味。必要时，嚼口香糖可减少异味，但在他人面前嚼口香糖是不礼貌的，特别在与人交谈时，更不应嚼口香糖。

如果你要去面试但觉得牙齿不干净，最好把牙齿在牙科医院清洗一下，尤其是那些有牙垢或因抽烟而使牙齿变黄的男士们。洁白的牙齿会使人的形象显得健康向上。

鼻子位于面部的中心地带，它的美观与否直接影响着一个人的仪容。有鼻液要及时用手帕或纸巾擦干净。不应当众用手去擤鼻涕、挖鼻孔、乱弹或乱抹鼻垢，更不要用力“哧溜、哧溜”地往回吸，那样既不卫生又让人恶心。一定要在没有人的地方清理，用手帕或纸巾辅助进行，还应避免搞得响声太大，用完的纸巾要自觉地放到垃圾箱里。平时还要注意经常修剪鼻毛，不要让它在外面“显露”，也不要当众揪拔自己的鼻毛。

在这里，有一个部位因为特殊的位置而常常容易被人忽略，那就是耳朵。耳朵是较容易疏忽的地方，在清洁时要特别留意。虽然一般人较少注意到耳朵，但一旦被看到耳垢堆积，先前服装仪容上的一切努力都会功亏一篑。

身体异味是令人反感的。如果有狐臭的毛病，应及时治疗或使用药水。经常洗澡，勤换内衣，可以减小或防止身体异味。

社交和工作场合中，最好别光腿。男性光腿，只会让别人对他的“飞毛腿”产生厌恶。如果天气太热或工作性质特殊而需要光腿的话，必须注意选择长过膝盖的短裤，并且不要光脚。为了美观，也是为了在整体上塑造良好的形象，工作时间，不允许赤脚穿鞋。

完美的形象从细节开始。认真修饰身体的细节，是塑造成功形象的根本。

男人也要让自己清爽

干净不是女人的专利，男人也应该让自己变得清爽起来。

不要拒绝善待自己的面孔，一张容光焕发的脸总是会给人留下美好的印象，每天给身体多一些关爱，你就会向着健康和潇洒迈进一步。

一个清清爽爽的男人既能找到良好的自我感觉，又能得到女人青睐，何乐而不为呢？当然，这里讲的清洁范围并不单指身体清洁，应包括头发、胡子、指甲、牙齿及衣着。

面部——早晚使用含有多种植物油及含黏性成分的洗面剂。每星期使用含杏仁油等滋润成分的磨砂膏，深入清洁毛孔，磨去死皮。

胡子——每天必须刮净胡子，可使用含有椰子油的剃须膏，令胡子柔软易剃。之后涂上须后水，舒缓剃胡引起的干涩感觉，并涂上清爽滋润的面霜，防止皮肤敏感。

头发——一个清爽整齐、容易梳理的发型，最适合日理万机的男士。

指甲——这是最容易被忽略的环节，男士们的指甲必须修剪整齐，最忌“镶黑”，在洗手时以柔软的刷子刷净指甲，简易快捷。

身体——沐浴是最基本的清洁准则，浴后可使用爽身粉，令身体倍感清爽舒适；有体味的男士，应选用含有芦荟和精华油的香剂。

牙齿——早晚及饭后刷牙是必需的，尽量减少吸烟和饮酒，这有助于防止口气，每半年或一年要到牙医处检查牙齿。

唇部——别以为涂唇膏是女人的行为，一张又干又脱皮的嘴，真是十分难看，涂上没有颜色的润唇膏，可防止冬季干裂和夏天晒伤导致的脱皮。

衣着——最能体现男人衣着清洁的是衬衣、内裤和袜子，这些都需要每天更换，才能保证身上不发出怪味和让人看到油腻的领子。

对于女性来说，第一眼就能打动她们的男性，往往不是因为他们漂亮，而是因为干净。干净的男人五官即使不很英俊，但有一口洁白的牙齿，使他的笑容变得灿烂而又多情；干净的男人可以是寸头，也可以是长发，但无论发长发短，都应清爽而有光泽，随着微风的吹动，散发出隐隐的发香；干净的男人，衣装笔挺、颜色纯正，就算是布衣布裤，也绝不马虎，一定会熨得平平整整。跟这样的男人在一起，女人会觉得神清气爽，如同男人见了漂亮女人一样，会自然产生一种爱慕之情。

男人的皮肤与女人的皮肤是有差别的。受男性荷尔蒙影响，男人的皮肤会分泌较多的皮脂，皮肤容易油腻，但相对的，皮肤上的水分因为被皮脂覆盖，又不易蒸发。他们的皮肤问题大多是围绕毛囊及皮脂腺所产生的问题，皮肤容易油腻，毛孔也容易阻塞而生成粉刺或小疙瘩，最后还可能在男人的脸上形成凹洞或痘疤。因此，男人面部的护理少不了以下几项。

1.剃须后的保养

男人的胡须应一日一刮。但剃须后皮肤会变得粗糙，有许多肉眼看不到的小伤口，所以剃须后应使用须后水，不仅能收缩毛孔，保护皮肤，还能留下爽洁的清香。

2.保持清爽

男人的皮肤油脂分泌多，更容易藏污纳垢，所以清洁很重要；男人应坚持早晚洗脸，并把重点放在晚上的洁面上。夏天洁面对水温要求不高，冬天用热水或微温的水就可以了。

3.对抗老化

男人虽不怎么担心皱纹，却害怕衰老，冬天的干燥气候使男人的皮肤也有水分过多散失的麻烦，因而，每天应用男士天然果酸保湿霜，以补充水分，增强皮肤柔软度，舒缓紧绷现象；另外，由于男性皮肤新陈代谢快，每周做一两次面膜也是少不了的。

一张干净的脸，加上灿烂的笑容、得体的衣着，男人就向健康和潇洒迈进了一大步。

男人的皮肤护理并不复杂，想要从外观和感觉上都达到最佳状态，可按如下步骤：

（1）用温和的洗面奶彻底清洁皮肤。如果皮肤油腻的话，用热水洗脸。

（2）以洁肤水及去死皮膏清理皮肤，去除枯死的细胞。

（3）使用润肤露或合适的润肤品补充水分和油脂。

男性也要为悦己者容，那么首要条件便是——洗脸。男性户外活动多，加上油脂分泌较旺盛，皮肤较粗糙，比女性更容易产生黑头、皱纹等。因此，男性的面部清洁显得尤为重要，你知道洗脸的注意事项吗？

（1）利其器：洗脸前先把毛巾洗干净，擦脸毛巾要定期清洗及消毒。

（2）手洗干净：洗脸之前应先洗手，否则不干净的手很可能会污染你的脸部皮肤。

（3）流动的水：许多人习惯接一盆水洗脸，其实这样不科学。建议用流动的温水（30℃~40℃）搭配干净的毛巾洗脸。

（4）左搓右揉：洗脸时先把脸充分打湿，取洗面乳加水搓揉起泡沫。用泡沫洗脸，不会刺激皮肤，也容易冲洗。

（5）轻轻揉揉：洗脸用指腹轻揉脸部最好，不要用力搓揉。

（6）照照镜子：洗完脸抬起头照个镜子，看看自己脸部的死角是否清洗干净（如头与脖子相接处、T形部位及发根处）。

（7）别洗太多：即使是油性肌肤，一天洗脸两次就足够了，最多不要超过三次。

（8）把水擦干：洗完脸不要任由它自然风干，这样会造成皮肤缺水。

（9）脸部滋润：洗完脸，养成用化妆水及护肤品的习惯。在清洁过后，必要的护肤水、营养水、爽肤水、收缩水以及膏、霜类护肤品对于男性皮肤的保养也是非常必要的。它们对于平衡皮肤的酸碱度，收缩毛孔，补充皮肤的营养和水分，增加皮肤的抵抗力，减缓皮肤的色素沉着有着不可小觑的作用。

穿衣时要避讳的细节

美国形象大师罗伯特·庞德罗列的穿衣之忌：

（1）买廉价衣服。

（2）穿破旧、过时的衣服。

（3）穿非自然材料、寒酸的衣服。

（4）看起来就是失败者。

（5）看起来就很懒散、不修边幅。

（6）展示一维空间形象——敏锐、“酷”或者粗犷的乡下人。

（7）穿着太伶俐，如同可爱的孩子，用过多的小玩意儿装饰。

（8）加强你的身体缺陷（太胖、太瘦、太高、太矮）。

（9）减弱你身体的优势。

（10）暴露你的劣势，而不是优势。

（11）衣着传递的信息让人困惑——你的衣着应永远是积极的、与自己的风格相统一的宣言。

（12）衣饰的搭配不合适。

（13）不适宜的装饰物，过分地耀眼而显得俗气。

（14）穿着无品位，过于乏味平淡，不让人感到振奋。

（15）穿廉价的鞋，戴廉价的首饰。

（16）把昂贵和廉价的服饰搭配起来，它整体看起来劣质、廉价，因为廉价劣质服饰总是突出醒目。

（17）当你需要穿着雅致、精细时，却穿着随便、休闲。

（18）陪同你的人穿着随便、不当。

（19）穿着与年龄不符，成熟的人穿着幼稚可爱，年轻者却穿得老气横秋。

（20）刻意让自己穿着随便，以为如此会让自己与大众融为一体，显得民主，但事与愿违，你在降低自己，也不尊重他人。

（21）做了时尚的奴隶，毫无思想地服从时尚，但其中很多服饰并不适合你。

（22）允许服装店的人向你推荐，卖给你服装，而不是为你服务。

小饰品，让男人大放异彩

大多数人并没有意识到饰品的重要性，但对男人的形象来说，精致的饰品几乎具有与得体的衣服、衬衫和领带一样重要的作用。尽管如此，还是有很多人认为没有必要对这个问题进行专门的探讨，他们视饰品为累赘，对于他们来说，大多数饰品——手表、钢笔、公文包和眼镜——几乎没有什么用途。但事实上，这些东西是你每天的必需品。如果买的是过时的或者仅仅注意它们的使用价值，而不关心它们的品质和佩戴是否得体，这只能说明不在意自己的外在形象，由此而不能引起别人的注意就不奇怪了。

1.珠宝饰物

在工作时间里不宜佩戴珠宝饰物。

诚然，一些男人在这样的场合戴着手镯、项链和耳环，以表明他们是独一无二的。事实上，99%的顾客和同事都会对他们的这种做法表示反感。

不要总是戴着戒指，除非你戴的是结婚戒指。更不要看到其他人老是戴着它就仿效他们，为什么要去仿效不好的行为呢?

勋章、纪念章、金链、有倾向性的木雕制品和类似的饰品应该更多地珍藏在你的皮箱里，在公共场合佩戴是不妥当的。

2.钢笔

可以肯定地说，你对你的每个同事使用的钢笔都非常清楚，男人们一般对这个问题都比较敏感，就像他们特别注意自己使用的钢笔一样。

一次性水笔仅仅适用于做会议记录或者在家里使用，因为这种笔写起来很流利，可以加快你的记录速度。在正式场合，你应该使用钢笔，因为自来水笔已成为公认的正式书写工具。在正式场合使用一次性水笔或圆珠笔总是不太合适的。在一天或重要活动开始前，务必要将钢笔灌满墨水，如果在使用过程中突然写不出来是多么难堪的事，更不用说会影响你正在进行的工作了。如果可能的话，使用尽可能好的钢笔（比如派克笔）会使别人对你另眼相看。

3.手套

每位成功人士都有几副手套，每一个男人都应该有。几乎任何手套都能被人欣赏，但其中最受欢迎的是颜色厚重的棕皮手套，其次是毛线手套。黑色皮手套应当予以避免。灰色皮手套的效果要好得多。手套上的匝线间距要密一些，以免形成鼓包。运动装手套（起绒的羊皮匝线手套）不应该与商务服装同时使用。

4.雨伞

男人的雨伞应当是黑颜色的，非折叠伞为佳，伞把造型应当简洁。有些男人用杂色的高尔夫雨伞，这种伞容易带有女性气味，所以应予避免。过去，折叠伞总是得到排斥性的反应；现在，某些较高级的折叠伞得到了人们认可。这些折叠伞相当方便，不过标准的黑色雨伞仍旧最受青睐。

5.围巾

能够受人欢迎的男式围巾是丝围巾和毛围巾，仅此两种。有些丝围巾可以翻过来，里面是毛围巾。丝围巾最流行的图案是印花软绸和单色；毛围巾中占主要地位的图案是方格和单色。只要图案和颜色并不轻浮，任何围巾都能被人接受。如果你拿不准，就不要选择这种图案，除非它也属于能被人接受的领带图案。对于日常生活来说，白围巾一般都有过于讲究之嫌。

男士佩戴围巾时，不必紧紧地塞入衬衣领口，而要让它自然下垂，随风飘荡则最佳。

皮带，男人腰间的一张“脸”

俗话说皮带是男人腰间的一张“脸”，可见其重要性是其他服饰配件无法取代的。男人不同于女人，有时候穿牛仔裤、裙子或其他休闲束身裤，不系腰带也可，但男性却不能，男士要体现举止优雅，气质卓尔不群，总少不了腰间这一抹细节，因此还须刻意装饰。

皮带的颜色要与裤子色彩搭配，其中以黑色最容易搭配衣服。穿咖啡色系西装时可选择深咖啡色的皮带，并与皮鞋配合。皮带扣也可以展现个人品位的细节，最好能将眼镜、领带夹和皮带扣等配件搭配出有整体感的效果。

但现在皮带的作用除了固定裤子外，装饰作用也日益突出。选择一条质量上乘、款式大方、新颖别致的皮带，可以增加男人的风度和气质。

这种皮带按质地可分为皮革（包括羊皮、牛皮、鹿皮）、塑料、金属及人造革几类。皮带头有金属板扣和嵌式扣的。

要经常注意检查自己的腰带是否合体，是不是有损坏，以提早替换，避免发生“意外”。

你的衣橱中平时要常备几条实用的腰带：

（1）一条两英寸宽、金色带扣、造型简单的黑色腰带。

（2）如果是夏季，可以用白色的窄腰带。

（3）常备一条任何宽度的腰带。可以选你喜欢的颜色，但注意应是你常穿衣服颜色的辅助色。

再有，你所选的腰带要注意一个搭配问题：一是要和服装协调搭配，包括款式和颜色；二是要和体型搭配；三是要和社交场合协调。

如果你的腰带上有金属，你的鞋子或扣子、你的首饰等都应是同样的颜色，否则将会不谐调。

手表，代表你的地位和身份

在社交场合，人们所戴的手表往往体现其地位、身份和财富状况。因此在人际交往中人们所戴的手表，尤其是男士所戴的手表，大都引人注目。要正确佩戴手表，先要了解手表，并善于选择手表。选择手表，应注重其种类、造型、色彩、图案、功能及戴表禁忌六个方面的问题。

1.造型

手表的造型与其身价、档次有关。在正式场合所戴的手表，在造型方面应当庄重、保守，避免怪异、新潮。这一点男士，尤其是年龄大的男士更要注意。造型新奇的手表，只适用于少女和儿童。一般而言，圆形、椭圆形、正方形、长方形及菱形手表，是正式场合佩戴的首选。

2.图案

除数字、商标、厂名、品牌外，手表上没有必要出现其他的图案。应选择适用于正式场合的手表。

3.色彩

在正式场合所戴的手表，色彩不要杂乱，宜选择单色手表、双色手表，其色彩都要清晰、高贵、典雅。金色表、银色表、黑色表，即表盘、表壳、表带的主体色均为金色、银色、黑色的手表，是最理想的选择，不要选择三色或三种颜色以上的手表。

4.功能

计时，是手表最主要的功能。因此，正式场合所用的手表，不管是指针式、跳字式还是报时式，都应具有这一功能，并且应当精确到时、分，能精确到秒则更好。有些附加的功能，如温度、湿度、风度、方向、血压、步速等，可有可无，而且以无为好。总之，手表的功能要少而精，要有实用价值。

5.种类

在社交场合手表是依据价格来分类的。按照这个标准，手表可被分为价格在10 000元以上的豪华表、2 000 ~ 10 000元之间的高档表、500 ~ 2 000元之间的中档表、500元以下的低档表四类。选择手表的具体种类时，既要量力而行，还要顾及个人的职业、露面的场合、交往的对象和所选用的服饰等一系列相关因素。

6.忌戴的手表

在较正式的交际场合，男人通常不应佩戴以下不符合礼仪规范的手表。

（1）失效表。计时不准确，或不能计时的手表。

（2）劣质表。糙钢、塑料制造的手表及质地与做工低劣的手表。这种手表极有可能会破坏服饰的整体效果。

（3）怀式表。又叫怀表、袋表、链表。这是一种极具古典浪漫风格的手表，在今天使用怀式表，虽意味着怀旧，但已与时代气息格格不入，而且与日常服装难以搭配。

（4）广告表。用作广告宣传作用的手表，在正式场合佩戴，不仅有可能被别人误解是在替人进行广告宣传，还会给人以爱占小便宜之嫌。

（5）卡通表。以卡通图形为主制造而成的手表，属于时装表，可用来同时装、便装搭配，多受少女、儿童的欢迎，但不能与正装搭配，更不适合在庄重、严肃的场合佩戴，尤其不适合成年男子佩戴。

男女选戴帽子的注意事项

帽子的式样要与衣着相协调。例如，法式女礼帽与西式长裙相配，会产生一种既浪漫又高雅庄重的风度；若以法式女礼帽与中式旗袍相配，则会产生一种不伦不类的感觉。

帽子款式的选择要与人的脸型、体型相适应。长脸型不宜戴高帽子，而圆脸型戴顶端微凸的帽子就比较顺眼；个矮戴稍凸的帽子会显高，而小个子戴大帽子又会产生“小蘑菇”的滑稽感。

帽子的色彩要与肤色结合考虑。肤色白的人，选择余地大些；肤色较深的人，则不宜戴深色帽子；肤色发黄的人，最好是戴深红色、咖啡色的帽子，这样可衬托一些健康色，戴白色、绿色、浅蓝色的帽子会加重病态的感觉。

帽子戴法的变化，会产生不同的感觉。帽子戴得端端正正，脸部显得丰满，神态显得庄重；帽子略微歪斜，产生的斜向线条会使人脸部略显清瘦，但妩媚活泼。

从礼仪的角度讲，男子在室内场合不允许戴帽子，女子则可以把帽子及其他用品作为礼服的一部分在室内场合穿戴。英国查尔斯王子举行结婚典礼时，在圣保罗大教堂内，成千的客人，男宾个个免冠，女客则无一不戴帽子。女子戴帽子不仅是礼节上的要求，也是身份上的象征，而且这种帽子不像男帽一样千篇一律，而是配合五光十色的衣服，变换着花样。它们用毛皮、绒缎、皮革等制成，有的帽子上还饰有羽毛、花朵、珍珠等，争奇斗艳。

1.女士戴帽子的注意事项

女士戴帽子要比男士略微讲究一些。参加宴会、游园和婚礼活动，戴一顶合适的帽子，可以帮助你增添迷人的风采。但这类活动中戴的帽子帽檐不能过宽，否则便会遮挡别人的视线。

地位较高的女士，可以选择小呢帽、宽边帽、中等宽边的帽子，这种有边檐的帽子会为女士增加风度和气质。例如，英国女王伊丽莎白二世在位的50年里，每次公开露面都戴帽子。每一件外衣都需要有一顶帽子相配，由此可见帽子的重要性。

身材娇小的女性应选择宽大边檐帽，但帽檐不可超过肩宽。身材显小的女性若要戴有檐帽，则要戴帽檐有一定角度的帽子。

女性佩戴帽子时，其他配件就必须减少，如垂坠式的耳环、多链式的长项链等，都应避免。可以改配扣型耳环和单边的短珠链。最简单的可以在脖子上系一条短丝巾，以增加帅气和飘逸之美。

在寒冷的冬天，戴一顶手织的绒线帽，即使他人感到温暖，又让自己显得妩媚，但是这种帽子是让自己显得俏皮可爱，却不是让自己显得威严，所以只适合约会和聚会的场合。

戴帽子的方法也有讲究。戴得端正，显得正派；帽子稍向前倾斜，显得时髦；帽子稍歪斜点，帽檐向下压，显得很俊俏；把帽子拉得很低，显得忧郁；帽子扣到后脑勺上则显得呆头呆脑。

戴帽子要显得好看，还应该注意姿势。如果驼着背，缩着脖子，再戴上一顶小帽檐式帽子，只有加倍令人觉得缺乏精神，而与戴帽子表现帅气的意愿就完全背道而驰啦！此外，帽子的颜色也应该尽量与服装的颜色相一致，千万不要穿了一身黑衣服后，再配一顶黄色的帽子，但不妨配上白色、灰色或深褐色的帽子。

2.男士戴帽子的注意事项

男士选择适合自己的帽子能够恰如其分地衬托出风度和修养，展示社会地位、经济状况。选择帽子时首先考虑实用性，其次考虑装饰性，不论是礼帽，还是棒球帽、旅游帽，都要从自身出发选择适合自己的式样、颜色。

帽子要与自己的装束、年龄、工作等相协调，并要根据自己的脸型选择。脸圆的人适合戴宽边较高的帽子，脸窄的人适合戴窄边的帽子。

一般的场合，男士戴的帽子要颜色稍深一些、暗一些，有利于男士展示刚毅，干练的作风，但是质地和色彩要选择较为柔和的，这样不会给人太过强硬的感觉。穿礼服时，必须用黑色的礼帽与其相衬，在工作场合里尽量不要戴帽子，如果要戴，帽子的帽顶不能太高，帽檐也要选择窄一些的。要根据衣着和场合选择帽子。白色的西装配白色的礼帽。在运动的时候，也可以戴白色的棒球帽等，具体情况可以具体分析。

男女选戴眼镜的注意事项

眼镜的出现是为视力有缺陷的人生活方便而发明的一种实用品，现在却已经被大大地扩展了适用范围，增加了装饰的功效。例如，眼睛长得太小或形状不美，或眼周围有疤痕，戴上眼镜能够有效地遮挡这些不足。但是眼镜毕竟是实用品，如果有一双美丽、健康的眼睛，还是应该让它散发自然的美丽，不要让镜片挡住它的光彩，毕竟眼睛是心灵的窗户。但是在一些必要的场合，如骄阳下、风沙天、海滩浴场或在车床边参观、工作等，都需要戴上专用的保护眼镜。

眼镜戴在脸上应当给人以协调的感觉，因此，选择眼镜时要考虑自己的脸型和肤色。

（1）长脸型的人宜用阔边而略方的眼镜架，这样会使脸显得短些。

（2）短脸型的人应选用无色透明框边的眼镜架，可以使脸显得长一些。

（3）圆脸型的人宜用有棱角的方形镜架，而不能选择圆形镜框，那样会产生滑稽的感觉，好像大圆圈上画了两个小圆圈。

（4）脸型过大或过小的人，选镜框要适中，男性的脸部轮廓较粗犷，棱角分明，适合配宽边大片的眼镜；女性面部线条柔和圆润，应选择轻巧别致的镜架。

（5）皮肤较黑的人，应选用较为明亮的镜框；皮肤白皙的人则可选择浅色镜架；皮肤发黄，宜用暖色调镜架。

（6）塌鼻梁应戴有高鼻托的眼镜，高鼻梁则宜低鼻托。

（7）瞳孔间距较宽的人宜选用深色大镜框；较窄的则应选择中间有镜桥的透明浅色镜架。

男女选用提包的注意事项

提包是我们生活中经常出现的实用品，但是不能因此就忽略了它的装饰作用。提包的式样、颜色都影响服装的表现力。职业男女上下班、约会访友、出差旅游都离不开提包。

男式提包以真皮制作为上乘，造型规整，线条简洁，多是长方形，造型较大，线条简洁，以黑色、棕色为主要色彩。别在包上配任何装饰，干净光亮就行。

女式提包用料则十分广泛，真皮、丝绒、锦缎、草编、毛织等等，五彩缤纷。女式提包的款式也是新奇繁多，长形、方形、圆形、心形、梯形应有尽有，色彩丰富华丽，用尽所有的颜色，只为衬托女士的服装。现在的市场上出现了好多新款包袋，它们集商务与旅游休闲于一身的设计风格，精致的做工与扎实的用料，给人一种端正、严谨的印象。让女性在各种场合自信地展现自我魅力，不经意中演绎时装和配饰的亲密关系。

无论男性还是女性，在选择提包时首先要注意的是色彩是否与服装协调配套，基本上采用同色系对比颜色相搭配，两者的颜色不宜完全一致，但是对比不能太强烈，否则会有突兀的感觉产生。比如，穿银灰、奶白或白底小花的套装，提包的色彩以白色、黄色、棕色为宜，用黑色反差太强烈；穿红色、绿色或花条纹的服装却可以用黑色提包搭配；穿黑色、藏蓝色、咖啡色或黑底紫花套装，提包以棕色、灰白为适宜。如果穿黑衣服配黑褐色包，穿红衣服挎个红提包，色调太统一，显得呆板。

除此之外，选择提包还应注意季节与场合，夏季提包选择小巧淡雅的，显得轻松利落；冬季提包可以艳丽明快，给厚重的外形增添一点活跃感。正规场合应用羊皮、鼠皮、鳄鱼皮等具有艺术气息的珍贵提包，日常上下班则可用休闲提包，随心所欲展现自己的个性。

皮包中，应准备好钢笔、记事本，或散页的记事本、电话本、计算器，以便随时记下他人的电话号码和其他信息。

第7章

礼仪形象——你的礼仪价值百万

懂礼仪，形象锦上添花

礼仪是律己、敬人的一种行为规范，就是以最恰当的方式来表达对他人的尊重。礼仪的“礼”即尊重，它要求我们在人际交往中既要尊重自己，也要尊重别人。古人讲“礼仪者敬人也”，就是对待人接物的基本要求。“仪”，顾名思义，表示仪式，即用什么样的方式和形式来表达对自己和别人的尊重。而在古代，“礼”和“仪”是两个不同的概念。“礼”是制度、规则和一种社会意识观念；“仪”是“礼”的具体表现形式，它是依据“礼”的规定和内容形成的一套系统而完整的程序。

礼仪对规范人们的社会行为，协调人际关系，促进人类社会发展具有积极的作用。礼仪文明作为中国传统文化的一个重要组成部分，对社会历史发展起了广泛深远的影响，其内容十分丰富。礼仪所涉及的范围十分广泛，几乎渗透于社会的各个方面。

从社会交际上看，遵守礼仪不仅有助于提高人们的自身修养，而且有助于促进人们的社会交往，改善人际关系，对净化社会风气，美化生活有着积极的作用。从商务往来的角度来看，礼仪是企业文化、企业精神的重要内容，是衡量企业形象的主要评判标准。如今一些大企业对于礼仪都有高标准的要求，甚至将礼仪作为企业文化考核的重要内容。

人在社会化过程中，需要学习的东西很多，礼仪是一个人在社会化过程中必不可少的重要内容。可以说，礼仪是整个人生中的必修课。任何一个生活在某一礼仪习俗和规范环境中的人，都自觉或不自觉地受到该礼仪的约束。自觉地接受社会礼仪约束的人，就被人们认识为“成熟的人”，符合社会要求的人。反之，一个人如果不能遵守社会生活中的礼仪要求，就会被社会中的人视为“异类”，就会受到人们的排斥，社会就会以道德和舆论的手段来对他加以约束。

一个具有良好礼仪修养的人，在交际活动中遇到各种情况和困难时，都能始终保持沉着稳定的心理状态，根据所掌握的信息，迅速采取最合理的行为方式，化险为夷，争取主动。相反，一些缺乏良好的礼仪修养的人，在参加重大交际活动前，常会出现惊慌恐惧、心神不定、坐卧不安的状况，有的在交际活动开始后，甚至会出现心跳加快、四肢颤抖、说话声调不正常的现象。所以，学习礼仪，不仅满足你走向社会的需要，而且还可以培养你适应社会生活的能力，提高你的社会心理承受力。

礼仪是社会主义精神文明体系中最基础的内容。讲文明、讲礼貌是人们精神文明程度的实际体现。学习和应用礼仪知识，是加强社会主义精神文明建设的需要。通过学习礼仪，让你明确言谈、举止、仪表和服饰能反映出一个人的思想修养、文明程度和精神面貌。通过学习礼仪，进一步提高你的修养，培养你的交际能力，养成良好的礼仪习惯，具备基本的文明教养。如果人人讲礼仪，我们的社会将充满和谐与温馨。由此可见，学习礼仪的根本目标是要教育、引导我们自觉遵循社会主义礼貌道德规范以及相应的礼仪形式，提高我们的文明意识，养成文明行为的习惯，促使良好社会风尚形成，使人与人之间、人与社会之间达到高度和谐与有序。

古代的礼仪是为了适应当时社会需要，从宗族制度、贵贱等级关系中衍生出来的，因而带有产生它的那个时代的特点及局限性。今天，现代的礼仪与古代的礼仪已有很大差别，我们必须舍弃那些为剥削阶级服务的礼仪规范，着重选取对今天仍有积极、普遍意义的传统文明礼仪，如尊老敬贤、仪尚适宜、礼貌待人、注重仪表等加以承传。这对于培养良好个人素质，协调和谐人际关系，塑造文明的社会风气，进行社会主义精神文明建设，具有很高的现代价值。

礼仪作为一种行为道德准则和规范，古今中外都备受推崇。一个讲究礼仪道德和修养的国家，必定为世人树立了一个令其敬仰的典范。在社会活动中，讲究谈吐礼仪，可以使人变得文明；讲究举止礼仪，可以使人变得优雅；讲究衣着礼仪，可以使人变得大方；讲究行为礼仪，可以使人变得美好而有教养；等等，总之，一个人讲究礼仪，就可以变得充满魅力，成为受人尊敬和欢迎的人。

正是因为礼仪在人际交往中具有不可忽视的作用，有时甚至决定事情的最终结果。所以，在现代社会，任何人都不能轻视礼仪，都应学习礼仪、讲究礼仪。

礼仪是人际交往的润滑剂

以下生活中的失礼行为，你有过吗？

上门拜访的时候，正巧碰到人家在吃饭，应邀入席吧，自己又吃过了，或者说，同这位朋友还没有熟悉到随便进餐的程度。这时的你，会尴尬得不知是进还是退，是站还是坐。

你刚同一位朋友或一个熟人寒暄一番后，说不到某一地方去，走路时，想着想着还得去，恰巧在那地方又碰到那位朋友或熟人，这时你不知如何向朋友或熟人打招呼。

有时你在朋友家聊天，讲得正有兴致时，突然又有陌生人来访，想走吧，话又没讲完，不走吧，又不能当着陌生人的面继续讲，这时，你会很不自然。

有件事瞒着对方，实际上对方已了解情况，这时候你若向对方继续编造谎话，一旦被对方戳穿，你会感到尴尬无比。讲话时无意刺到别人的忌讳，你明明做了某事，说了某话，别人事后又知道，当他问你时，你又不能明说，你都会感到不甚尴尬。

其实，生活中尴尬的事是常有的，每个人也都会遇到。要想尽量避免诸如此类的尴尬情境发生，就需要懂得一些生活中的礼仪，用礼仪这个手段来化解尴尬。

例如，碰得人家正在吃饭，你可以先发制人，“对不起，我来得不是时候。”看主人怎样回答，你再随机应变。

说不到某地方，结果又去了，恰恰碰到刚道别的人，这时的你，不妨主动开口，三言两句讲明缘由。

你与朋友讲话，又有陌生人来访，如果话正投机，不妨直言对陌生人：“对不起，我讲两句话马上就走，前客让后客。”相信这时的陌生人会避开，让你把话讲完。

你瞒着对方的事，一旦被对方戳穿，就不能继续遮遮掩掩，要如实说明为什么隐瞒，把原因讲明，尴尬也就不存在了。

碰到别人的忌讳，可直接道歉，也可以改天讲清楚。

你明明做了某事，说了某话，别人又知道，你又不能解释，你就适当讲讲难言之隐。

礼仪是人际交往的“润滑剂”。作为社会的人，我们每天都少不了与人打交道，假如你不能很好地与人相处，那么在生活中、事业上就会寸步难行，一事无成。俗话说：“礼多人不怪”。人际交往，贵在有礼。加强礼仪修养，处处注重礼仪，能使你在社会交往中左右逢源，无往不利；使你在尊敬他人的同时也赢得他人对你的尊敬，从而使人与人之间的关系更趋融洽，使人们的生存环境更为宽松，使人们的交往气氛更加愉快。

曾经有这样一个大学生骑自行车不慎碰了一位老人，大学生当场就喊了一句：“你长眼睛了吗？”就一句话把老人给骂懵了。她不敢相信，眼前这位穿着时髦的大学生，竟然这么粗鲁不讲道理，老人艰难地从地上爬起来，什么也没说就走了。

著名的经济学家张则行先生，一直从事凯恩斯经济理论研究，一生著述颇丰，其学术成果享誉国内外。如今虽已是老人，但他每每遇见朋友，都以将近90度的鞠躬施礼，让对方不知所措。通过这两件事情，可以看出不礼貌的行为直接影响到个人的素质问题。

礼仪是一种坚韧的智慧，表达着对别人的尊重，不会激起对方的反感，给自身拓宽了很大的空间。

礼仪是事业的催化剂

礼仪是一笔巨大的财富，礼仪不仅是人际交往的润滑剂、说服他人打动人心的心理武器，更是事业的催化剂、成功的保证。

大家可能知道“张良因礼得兵书”的故事。

据《史记·留侯世家》记载：秦朝末年，张良在博浪沙谋杀秦始皇没有成功，便逃到下邳隐居。有一天，他在镇东石桥上遇到一位白发苍苍、胡须长长、手持拐杖、身穿褐色衣服的老人。老人的鞋子掉到了桥下，便叫张良去帮他捡起来。

张良觉得很惊讶，心想：“您怎么能让我帮你捡鞋子？”张良又一想他年老体衰，而自己却年轻力壮，便到桥下帮老人捡回了鞋子。谁知这位老人不仅不道谢，反而大咧咧地伸出脚来说：“替我把鞋穿上！”张良闻听此言心底更加不快：“你这老者，我好心帮你把鞋捡回来了，你居然还得寸进尺，要让我帮你把鞋穿上，真是过分！”

张良又转念一想，反正他是老人，再说鞋子都捡起来了，干脆好人做到底。于是默不作声地替老人穿上了鞋。张良的恭敬从命，赢得了这位老人孺子可“教”的首肯。又经过几番考验，这位老人终于将自己用毕生心血注释而成的《太公兵法》送给张良。

张良得到这本奇书，日夜诵读研究，使之后来成为满腹韬略、智谋超群的汉代开国名臣。

这个故事说明了什么？张良为老人拾鞋、穿鞋，处处礼让，既表现为对老人的尊重，也表现了自身完善的品格。张良正是在不断礼让的过程中，磨砺了意志，增长了智慧，最终成为“运筹帷幄之中，决胜千里之外”的杰出的军事家、政治家。礼仪铸就了张良的成功，由此可见，礼仪对于一个人的事业发展有多么重要。

懂礼仪是成功的基本要素。礼仪是通向成功道路的通行证，这不是说有了礼仪就能成功，但在成功的路上，礼仪的确有着很关键的作用，特别是在求职应聘的时候，“头3分钟是关键”。

因为招聘时面试方不可能给一个应聘者很多的时间，但头3分钟内你举手投足间表现的气质，待人接物的态度与方法却可以看出你是否是用人单位需要的人。所以，除了有比较扎实的专业基础与实践经验，还需要适当的礼仪来美化个人。

成功学大师戴尔·卡耐基说过："一个人的成功，只有15%是由于他的专业技能，而85%则主要靠人际关系和他做人处世的能力。"

有那么一个哈佛大学设计的表格，它将人成功的要素分为三块：宏观管理能力、实际操作能力和处理人际关系的能力。从表格中可以看出，一个职业人需要具备上述三种能力，虽然地位不同、岗位不同，各种能力的构成不同，但是总的看来，处理人际关系的能力所占的比例相同。大概为：成功＝15%的知识技能＋85%的人际关系。这里所说的人际关系，并不是庸俗的拉关系，而是一个宽泛的概念，它指的是如何运用礼节、礼仪来建立、维护的良好的人际关系与和谐的事业生活环境。

礼仪对于一个人的事业起着重要的作用，一个人知书达理、善于运用礼仪的人和一个举止粗俗、不懂礼仪的人，其事业的境界会有天壤之别，前者在事业上会春风得意，心想事成；后者在事业上则会处处碰壁，陷入困境。

礼仪对于事业的作用，体现在管理、职场、推销、谈判、会议等各个工作领域和环节中。

例如，求职礼仪有助于你推销自我的形象、取得面试的成功。在求职中你的细微举止都会影响用人单位对你的评价。古人云“见微而知著”，礼仪能规范你的举止，防止因小节而误事。同时，借助礼仪可以推销自己的文化素质、体现自己的道德水准、反映自己的个性，以及顺利完成面试的全过程。礼仪能给人以美的享受，使用人单位愿意与你交谈，有兴趣和耐心进一步了解你，甚至当发现你与其他应聘者相比有欠缺的地方时，也能给予理解、关怀和鼓励，从而使你的求职事半功倍，脱颖而出。

又如，工作场所遵从服装礼仪对于维护你的形象、有效开展工作极为重要。在工作服装的穿着方面有一个容易被忽视的细节：常有餐厅工作人员，甚至是厨师穿着工作服进出公共厕所。这样不仅不符合食品卫生规范，会令顾客对餐厅的印象大打折扣，从而造成餐厅形象不佳，影响餐厅的生意。还有夏天的时候，许多职业女性不够注重自己的身份，穿起颇为性感的服饰，这样你的智慧和才能便会被埋没，甚至还会被看成轻浮，影响你的职业前程。

礼仪是个人外在形象与内在素质的集中体现。对于个人来说，讲究和运用礼仪既尊重别人同时也是尊重自己的体现，在个人事业发展中起着决定性作用。它提升人的涵养，增进了解沟通，细微之处显真情，对内可融洽关系，对外可树立形象，营造和谐的工作和生活环境。因此，懂得礼仪，运用礼仪，使你的事业更加顺利，使你的人生更为成功！

职业礼仪决定职业形象

职场上每一个人都要树立自己的职业形象，良好的职业形象不仅作为企业的门面，而且能够提升个人品牌价值，提高自己的职业自信心。个人形象指的主要是容貌、魅力、风度、气质、化妆、服饰等直观的包括天生的外表感觉的东西，这是一种值得开发、利用的资源。现在几乎所有国际大机构都非常重视公司员工的形象塑造，力图把形象这属于静态的因素变成一种动态的竞争力去超越对手，使其成为公司征战市场的有力武器。

一个人的职业形象包括内在的和外在的两种主要因素。而每一个职场人都需要树立塑造并维护自我职业形象的意识。了解并掌握一定的职业礼仪，有助于完善和维护职场人的职业形象。一些日常的职业礼仪，对完善、维护自身职业形象都会有所帮助，职业形象的更高境界让你前程无忧。

1.上班族的多彩时装秀

在办公室工作，服饰要与之协调，以体现权威、声望和精明强干为宜。男士最适宜穿黑、灰、蓝三色的西服套装领带。女士则最好穿西装套裙、连衣裙或长裙。男士注意不要穿印花或大方格的衬衫；女士则不宜把露、透、短的衣服穿到办公室里去，否则使内衣若隐若现很不雅观。

热爱流行的时装是很正常的现象，但也不能盲目地追求时髦。例如有个女孩在一家公司担任秘书，穿的衣服样式十分古怪，在指甲上同时涂了几种鲜艳的指甲油，当她打字或与人交谈时，都给人一种厌恶感。一个成功的职业人士对于流行的选择必须有正确的判断力，同时要切记：在办公室里，主要表现工作能力而非赶时髦的能力。

夏天的时候，女性一定要注重自己的身份，不能因为天气太热，而穿起颇为性感的服装出现在办公室。再热的天气，也应注意自己仪表的整洁、大方。

太过正式的服装往往给人以死板严肃的感觉，很容易让别人对你有误解，产生不良印象。除非是有严格着装标准的特殊行业，或有统一服装的公司，在没有严格规定的公司里，办公室内的着装可以适当地活泼一些，以展现不同的个性风采。在服装市场上有许多可爱俏丽的款式，但一定要有所选择。不要穿太显幼稚的衣服，尽量突出端庄、秀丽的一面。穿着上给人的感觉或者优雅大气，或者精明强悍，或者小巧灵秀，或者体态匀称，都是适合职场的。在办公室里工作不能穿背心、短裤、拖鞋，也不适合赤脚穿鞋。戴的首饰也不宜过多，走起路来摇来摇去的耳环会分散他人注意力，叮当作响的手镯也不宜戴。

2.礼貌是职场礼仪第一课

新人刚进职场，礼貌很关键，人际关系一定要妥善处理，不能以貌取人或者想当然。要记得地位低下的员工同样也是前辈或者长辈，哪怕是打扫卫生的阿姨，如果正好清理到自己的纸篓什么的，不忘记说一声“谢谢”，这样，会平添几分亲和力。

在办公室里对上司和同事们都要讲究礼貌，不能由于大家天天见面就将问候省略掉了。“您好”“早上好”“再会”之类的问候语要经常使用。

另外，同事之间不能称兄道弟或乱叫外号，而应以姓名相称。对上司和前辈要用职务来称呼，也可以用“先生”“老师”称呼。

不能在大庭广众之下与领导和前辈开称呼上的玩笑。

3.商务饭局的吃相问题不能忽视

职场新人应明白的一个礼仪问题是，公务的一些饭局应酬是为了联络客户事宜、加强与客户的感情沟通，并非仅仅是满足大饱口福的目的。如果双方一边就餐一边谈论公事时，你不顾旁人大吃特吃，势必给客户方造成不好的印象，当然也损害了公司的形象。所以，职场新人在陪同客户吃饭时，一定要注意吃相。

4.递名片

递送名片时，应用双手拇指和食指执名片两角，让文字正面朝向对方。接名片时要用双手，并认真看一遍上面的内容。如果接下来与对方谈话，不要将名片收起来，应该放在桌子上，并保证不被其他东西压起来。参加会议时，应该在会前或会后交换名片，不要在会中擅自与别人交换名片。

5.损害你职场形象的5杀手

工作中某些看起来无关紧要的疏忽，有可能会大大损害你的职业形象。

杀手1：脸红。虽然脸红让你看起来甜美、可爱，但它也传达了你不成熟和不坚定的心态。

杀手2：哭泣。在工作时哭泣不但使你显得脆弱、缺乏自制力，而且让人怀疑你会破坏公司形象，你应该学会控制情绪。

杀手3：不确定的“嗯”“呵”等语气词只能说明你犹豫不决、紧张而缺乏智慧。

杀手4：着装不成功。不成功的着装所传达给老板的唯一信息是：重要的任务不能放心交给你去做。你应该为你希望做的工作选择着装，而不是为你已有的工作着装。当然，衣服还远远不够——不合适的发型和化妆照样会损害你的职业形象。

杀手5：怯场。当你表现出怯场，就是在告诉老板，你缺乏最基本的职业技巧。记住，事前充分的准备是降低紧张情绪的有效措施，在正式发言前做彩排是必要的。

好礼仪，好人缘

良好的礼仪有助于促进人们的社会交往，改善人们的人际关系，能够帮你赢得好人缘。

古人认为：“世事洞明皆学问，人情练达即文章。”这句话，讲的其实就是交际的重要性。一个人只要同其他人打交道，就不能不讲礼仪。

运用礼仪，除了可以使个人在交际活动中充满自信，胸有成竹，处变不惊之外，还能够帮助人们规范彼此的交际活动，更好地向交往对象表达自己的尊重、敬佩、友好与善意，增进大家彼此之间的了解与信任。假如人皆如此，长此以往，必将促进社会交往的进一步发展，帮助人们更好地取得交际成功，进而造就和谐、完美的人际关系。

某位营销员在一次会议上作自我介绍："有只小猪在跳迪斯科，现在你们知道我的名字了吧？"台下响起一片回应："猪——会——摇!"她微笑着点头说："大家倒过来念呀。"众人恍然大悟，倒过来便是她的名字："姚慧珠"。如此精彩的自我介绍，要让人记不住你的名字都难。

有个干部与一位多年不见的战友见面了，一时竟想不起他的姓名。分手时，这个干部主动拿出纸来把自己的名字、电话、通信地址写下来，然后把笔交给他，说："来，让我们相互留下自己的名片，今后多多联系。"对方也写下了他的名字、住址、电话。

当然，赢得好人缘并不只是靠记住别人的名字来实现的，但记住别人的名字却是一个不可小看的交际礼仪。像上面的那位营销员的精彩自我介绍，相信大家一定对她的印象记忆深刻，同时也会认为她是一个很有亲和力的人。

人缘要在勤沟通、多联系的基础上建立起来，所以主动联系也是一个必备的交往礼仪。你善于联系朋友，朋友自然也勤于和你联系；反之，你半个月甚至一年都不和朋友们打招呼，那么肯定在对方的心里被“蒸发”掉了。

人际交往的礼仪原则之一是，你怎样对待别人，别人就怎样对待你。你感觉别人对你是陌生的，那么在别人眼中你也是陌生人；如果你把陌生人当作朋友来对待，陌生人也会把你当作自己的朋友。

主动是结交陌生人的最基本的礼仪。主动问候、主动搭话、主动沟通、主动帮忙，这些都有利于拉近你与对方的关系和距离，尽管你们之前素未谋面。

其实，每个人都有交往的愿望和需要。你主动向对方敞开心扉，同样能够换得对方的理解和接受。当然，初次相识，要遵守必要的礼仪细节。比如不可冒昧地询问交往不深的人的信息，不要过多地干涉他人的活动和私事，等等。与陌生人沟通，消除对方的警惕心理是有必要的，这就需要你用友好、热情的态度去接纳对方，或者在对方需要的情况下满足其心理需求，如帮个小忙、举手之劳等，都能赢得对方对你的好感，从而有利于彼此更深层的交往。

打造社交场上魅力型男

礼仪如春风化雨，礼仪会提高你的交际品位。奥里森·马登说，如果你的社会关系是一台机器，那么，彬彬有礼的态度就是那台机器中的润滑剂。古语说得好："文质彬彬，然后君子。"人际交往中只有形成尊重和被尊重的默契与和谐，才可能给你的形象加分，让你的交际顺利进行和持续发展。

当代社会，社交礼仪不可忽视。"彬彬有礼"已经成为判断一个人社会地位和受教育程度的标准，也成为衡量一个现代人基本素养的客观依据。其实，不知你是否意识到，在大多数情况之下，你的交际成功与否，你的事业发展与否仅仅取决于你对他人的尊重。如欧美的脱帽、拥抱，中国古代的作揖，这些都是人们最起码的见面礼。在现代社会，人们行握手礼。即见面时，双方往往先打招呼，然后相握致意。关系亲密的朋友，可以伸出双手久握和用力握。关系一般的人，可伸出手一握即止，这就是"礼"。

"文质彬彬，然后君子"，意味着一个人从外表到本质文雅有礼，才能使他到处受他人的欢迎。由此可见，彬彬有礼是人际交往的基础，也是你交际更具品位的基本要求。比如参加交谊舞会，男士的衣装应该庄重整洁，举止大方；女士的衣装应该明快典雅，不宜浓妆艳抹。进入舞厅时应该彬彬有礼，对熟人和旧友要握手致意或点头问好，对陌生人也应该以礼相待。话音不宜高，步态应该轻盈，当邀请舞伴，舞曲响起来的时候，男的应该主动走到女士面前，可行半鞠躬礼，并且轻声邀请，女方点头表示同意，然后才能并肩走入舞池。所以，彬彬有礼是使人与人和谐相处的最好的方法，这种方法包含了尊重、亲切、体谅等意义，同时也表现出个人的修养。

女人，只因可爱而美丽

女人的美丽，已经被人们无数次地讴歌和赞美，文人骚客为此差不多穷尽了天下的华章。其实，在美丽面前，诗歌、辞章、音乐都是无力的。无论多么优秀的诗人和歌者，最后都会发出奈美若何的叹息！美丽的女人人见人爱，但真正令人心仪的永恒美丽，往往是具有磁石般魅力的女人。那么，什么样的女人才具有魅力呢？三个字：气质美。

气质是女人征服世界的利器，就如同一座山上有了水就立刻显现出灵气一样。一个女人只要插上了气质的翅膀，就会立刻神采飞扬、明眸顾盼、楚楚动人起来。

著名化妆品牌羽西的创始人靳羽西说过：“气质与修养不是名人的专利，它是属于每一个人的。气质与修养也不是和金钱权势联系在一起的，无论你是何种职业、任何年龄，哪怕你是这个社会中最普通的一员，你也可以有你独特的气质与修养。”

一个气质出众的女人总是更多地被人注意，为人欣赏，甚至机会也会更加垂青于她。

影后张曼玉是25~60岁的男人心目中一致认可的最美丽、最优雅的女人。她就像一件精美的艺术品，从任何角度看都近乎完美。在“我的白金”电视广告中，张曼玉淡妆出场，从容自信，散发出非凡的高贵气息，成为自然优雅的代名词。在众多明星中她虽然称不上倾国倾城，但神情中传达的却是多少倾国倾城的美人缺少的东西。人们说那是因为她有着超凡脱俗的气质，一种任时光去雕刻的独特魅力。

人们把气质看作一个褒义词，对它的了解通常是一个混沌的概念。所以常常这么评价：某人有气质，某人没气质。一个没气质的人意味着缺少内涵，一个有气质的人即便混迹于芸芸众生之中，也是鹤立鸡群，绰约的风姿自会超然于众人之上。

有许多女人并非天生丽质，但在她们身上却洋溢着夺目的气质美，如工作的认真、执着、聪慧、洒脱、敏锐、精明、干练。追求美而不亵渎美，从生活中悟出美的真谛，把美的形貌与美的气质、美的德行结合起来。只有这样，才是真正拥有了气质美。

在现实生活当中，几乎所有的男人和女人都喜欢与有气质的人相处，因为这种人使你既有眼球上的好感，还有一种吸引人的特殊力量，能不断地感染你，使你羡慕，让你追随。

有气质并不代表女人拥有美貌和身材，男人拥有风度和儒雅，更是一种内在的修养。有气质的人除了能得到别人的认可，也能得到别人的尊敬。气质女人懂得用男人们更欣赏的东西来丰富自己，知道怎样才能让自己的美丽变成一种永恒，怎么样让自己并不出众的容貌变得更加迷人。其实这一切都很简单，很容易做到，在举手投足之间表现得高尚一点、表现得善良一点，这种迷人的光环就会在你身边萦绕。

一个人的美丽不仅体现在优美的体态上，更为重要的是这些美丽同样要体现在对人生的态度上。高尚的人必定拥有高尚的人生观，生活总是积极向上的，每天都以微笑来面对这个世界、面对纷繁复杂的生活，似乎在这些人的生活中就不存在什么困难。正是在这个意义上，那些具有高尚人生观的人才会更加迷人。热情向上的人生态度，使得外在的美更加富有灵性，也更加瑰丽。更为可贵的是，热情向上的人生态度还能弥补形体的平凡和缺陷，使得周围的人更加赞赏你，不会因为身体的缺陷而看低你。

握手握出你的风度

握手礼是目前世界上许多国家通行的礼节，也是人们日常交际的基本礼节。握手是社交活动中一个神秘的使者。怎样才能做好关系到初步印象的第一步呢?

1.把握好握手的时间

握手的时间应长短适宜，一般以3~5秒为好。如初次见面，握手时间不宜过长。如果老朋友意外相见，握手时间可适当加长，以表示不期而遇的喜悦或真诚，甚至可以一边握手一边寒暄，但一般也不要超过20秒。男士与女士握手，时间不宜过长，拉住女士的手不放是很不礼貌的。

2.选好握手的场合

应该握手的场合，至少有以下几种：

（1）在你被介绍与人相识时；

（2）与友人久别重逢时；

（3）社交场合突遇熟人时；

（4）客人到来与送别时；

（5）拜托别人时；

（6）与客户交易成功时；

（7）别人为自己提供帮助时；

（8）向人表示祝贺、感激、鼓励时；

（9）劝慰友人时。

握手应本着“礼貌待人，自然得体”的原则，并灵活地掌握与运用握手礼的时机，以显示自己的修养与对对方的尊重。握手虽然简单，但握手动作的主动与被动、力量的大小、时间的长短、身体的姿势、面部的表情及视线的方向等，往往表现握手人对对方的不同礼遇和态度，也能窥测对方的心理奥秘，因而握手是大有讲究的。

3.掌握握手的力度

握手用力要均匀，不要死握住对方不放，让人有痛感，尤其对女性，不能让女性产生痛楚感。也不要松松垮垮，软绵无力，尤其是男性，握手如果无力，只轻轻碰一下，被认为是毫无诚意或拒人于千里之外。对于女性而言，握手可以松软些，不必太用力，而且，男人同女人握手，一般只轻握对方的手指部分。握姿要沉稳、热情、真诚。所谓轻重适宜，就是指握手时的力度能传递自己的热情但又不失于粗鲁。

4.了解握手的方式

握手需要用右手。握手时要注视对方，千万不要一面握手，一面斜视他处，或东张西望，这都是不尊重对方的表现。有时为了表示更多的敬意，握手时还要微微点头鞠躬。握手时要上下微摇，不是一握不动。男士之间可以握得较紧较久，以表示热烈。但要注意既不能握得太使劲，使人感到疼痛，也不能显得过于柔弱，不像个男子汉。对女士则只能轻握，也不宜握得太久不放，老朋友可以例外。

一般是站着握手，除因重病或其他原因不能站立者外，不要坐着与人握手。不过，如果两人都是坐着，可以微曲前身握手。

人多时，注意不要交叉式握手，可待别人握完再握。每逢热烈兴奋的气氛时有些人容易忽略这一点，要特别注意。到朋友家中，客人多，只需与主人及熟识的人握手，其余的人只需点头致意。但经过主人介绍的，就要逐一握手致意。

握手时要脱去手套，如因故来不及脱掉就握手，须向对方说明原因并表示歉意。

不过据欧美传统，穿大礼服、戴白羊皮手套者，因不易脱下，按习惯可以不脱手套握手，但须请求对方原谅。另外，据西方传统，地位高的男士和妇女也可以戴手套握手。

用右手握手后，左手也加握，也可说用双手握手，这是我国人民经常实行的礼节，以表示更加亲切，更加尊重对方。随着国际交往的扩大，来华访问的客人增多，这种礼节已为越来越多的外国朋友所熟悉，许多外国朋友也在采用，特别是在老朋友之间。但这种礼节，不必每次都用，男士对女宾则一般不用。

军人戴军帽与对方握手时，应先行举手礼，然后再握手。

握手除是见面的一种礼节外，还是一种祝贺、感谢或相互鼓励的表示。如对方取得某些成绩与进步时，对方赠送礼品时以及发放奖品、奖状、发表祝词讲话后等，均可以握手来表示祝贺、感谢、鼓励等。

5.怎样与尊贵者握手

与尊贵者握手，如老人、长辈或贵宾握手，不仅是为了问候和致意，还是一种对对方尊敬的表示。除双方注视，面带微笑外，还应注意以下几点：

（1）出手先后。在一般情况下，平辈、朋友或熟人先伸手为有礼，而对老人、长辈或贵宾时则应等对方先伸手，自己才可伸手去接握。否则，便会看作是不礼貌的表现。

（2）握手姿势。握手时，不能昂首挺胸，身体可稍微前倾，以示尊重，但也不能因对方是贵宾就显得胆小拘谨，只把手指轻轻接碰对方的手掌就算握手，也不能因感到“荣幸”而久握对方的手不放。

（3）与老人或贵宾握手。当老人或贵宾向你伸手时，应快步上前，用双手握住对方的手，这也是尊敬对方的表示。并应根据场合，边握手边打招呼问候，如说：“您好”“欢迎您”“见到您很荣幸”等热情致意的话。

（4）与多人握手。遇到若干人在一起时，握手、致意的顺序是：先贵宾、老人，后同事、晚辈，先女后男。还必须注意，不要几个人竞相交叉握手，或在跨门槛甚至隔着门槛时握手，这些做法也是失礼的行为。

（5）注意双手卫生。在社交中，除注意个人仪容整洁大方外，还应注意双手的卫生，以不干净或者湿的手与人握手，是不礼貌的。如果老人、贵宾来到你面前，并主动伸出手来，而你此时正在洗东西、擦油污之物等，你可先点头致意，同时亮出双手，简单说明一下情况并表示歉意，以取得对方的谅解，同时赶紧洗好手，热情予以招待。

（6）与身份高的人相遇时。在外交场合，遇见身份高的领导人，应有礼貌地点头致意或表示欢迎，但不要主动上前握手问候，只有在对方主动伸手时，才可向前握手问候。

6.礼貌地同女性握手

与女性握手，应等对方首先伸出手，男方只要轻轻地一握就可。如果对方不愿握手，也可微微欠身问好，或用点头、说客气话等代替握手。一个男子如主动伸手去和女子握手，则是不太适宜的。

与女性握手，最应掌握的是时间和力度。一般来说，握手要轻一些，短一些，也不应握着对方的手用劲摇晃。但是，如果用力过小，也会使对方感到你拘谨或虚伪敷衍。

在握手之前，男方必须先脱下手套，而与女子握手，则不必脱手套，也不必站起。按国际惯例，身穿军装的男子可以戴着手套与妇女握手，握手时先行举手礼，然后再握手，这是一种惯例。握手时，应微笑致意，不可目光看别处或与第三者谈话。握手后，不要当着对方的面擦手。

7.握手的避讳

（1）忌目光游移。握手时精神不集中，四处顾盼，心不在焉。

（2）忌交叉握手。当两人正握手时，跑上去与正握手的人相握，是失礼的。

（3）忌敷衍了事。握手时漫不经心地应付对方。

（4）忌该先伸手不伸手。

（5）忌出手时慢慢腾腾。对方伸出手后，我们自己出手要快，不应慢慢腾腾。

（6）忌握手时戴着手套或不戴手套与人握手后用手巾擦手。

遵从礼仪五原则，处处受欢迎

礼仪名目众多，细则纷繁，讲究商务礼仪尤其还应掌握必要的世界各国的礼仪习俗，更是使其呈现出五彩缤纷的特点。那么如何才能有效掌握？在从事各种商业活动、具体遵行商务礼仪时，应遵循以下基本原则，其中包括言行文雅，态度恭敬，尊重他人，平等待人，表里一致。

遵从礼仪的5项原则如下所述。

1.尊敬原则

有人曾把商务礼仪的基本原则概括为“充分地考虑别人的兴趣和感情”。尊敬是礼仪的情感基础。在我们的社会中，人与人是平等的，尊重长辈，关心客户，这不但不是自我卑下的行为，反而是一种至高无上的礼仪，说明一个人具有良好的个人素质。“敬人者人恒敬之，爱人者人恒爱之”，“人敬我一尺，我敬人一丈”。“礼”的良性循环就是借助这样的机制而得以生生不已。当然，礼待他人也是一种自重，不应以伪善取悦于人，更不可以富贵骄人。尊敬人还要做到入乡随俗，尊重他人的喜好与禁忌。总之，对人尊敬和友善，这是处理人际关系的一项重要原则。

2.真诚原则

商务人员的礼仪主要是为了树立良好的个人和组织形象，因此礼仪对于商务活动的目的来说，不仅仅在于其形式和手段上的意义。同时商务活动并非从事短期行为，而是越来越注重其长远效益，只有恪守真诚原则，着眼于将来，通过长期潜移默化的影响，才能获得最终的利益。也就是说，商务人员要爱惜其形象与声誉，应不仅仅追求礼仪外在形式的完美，更应将其视为情感的真诚流露与表现。

3.谦和原则

“谦”就是谦虚，“和”就是和善、随和。谦和既是一种美德，更是社交成功的重要条件。《荀子·劝学》中曾说道：“礼恭而后可与言道之方，辞顺而后可与言道之理，色从而后可与言道之致。”即是说只有举止、言谈、态度都是谦恭有礼时，才能从别人那里得到教诲。

谦和，在社交场上表现为平易近人、热情大方、善于与人相处、乐于听取他人的意见，显示出虚怀若谷的胸襟，因而对周围的人具有很强的吸引力，有着较强的调整人际关系的能力。

当然，我们此处强调的谦和并不是指过分的谦虚、无原则的妥协和退让，更不是妄自菲薄。应当认识到过分的谦虚其实是社交的障碍，尤其是在和西方人的商务交往中，不自信的表现会让对方怀疑你的能力。

4.宽容原则

宽即宽待，容即相容。宽容，就是心胸坦荡、豁达大度，能设身处地地为他人着想，谅解他人的过失，不计较个人得失，有很强的容纳意识和自控能力。中国传统文化历来重视并提倡宽容的道德原则，并把宽以待人视为一种为人处世的基本美德。从事商务活动，也要求宽以待人，在人际纷争问题上保持豁达大度的品格或态度。在商务活动中，出于各自的立场和利益，难免出现冲突和误解。遵循宽容原则，凡事想开一点，眼光看远一点，善解人意、体谅别人，才能正确对待和处理好各种关系与纷争，争取到更长远的利益。

5.适度原则

人际交往中要注意各种不同情况下的社交距离，也就是要善于把握住沟通时的感情尺度。古话说："君子之交淡如水，小人之交甘如醴。"在人际交往中，沟通和理解是建立良好人际关系的重要条件，但如果不善于把握沟通时的感情尺度，即人际交往缺乏适度的距离，结果会适得其反。例如在一般交往中，既要彬彬有礼，又不能低三下四；既要热情大方，又不能轻浮谄谀。所谓适度，就是要注意感情适度、谈吐适度、举止适度。只有这样才能真正赢得对方的尊重，达到沟通的目的。

总之，掌握并遵行礼仪原则，做待人诚恳、彬彬有礼之人，在人际交往和商务活动中，就会受到别人的尊敬。

礼行天下，做公众形象代言人

遵守礼仪，要从我做起，从细节入手。公共场所，我们要做遵守礼仪的表率，让自己的一言一行、一举一动都合乎礼仪，让自己成为公众的礼仪形象代言人。

公共场所的礼节众多，通常来说，一些基本礼节是人人都要遵守的。

1.保持安静

公共场所是众人共同使用的地方，这就要求大家共同配合，一起共同利用。如果众人都只为自己考虑，高声谈笑，一人盖过另一人的声音，最终的结果是谁都听不清对方的说话，所以它是一种很不文明的行为。人群越是集中的地方越要求交谈者低声细语，声音的大小以不引起他人的注意为宜。交谈时使用的手势不应过多或是不用，否则会吸引他人的注意力。在庄严肃穆的场合里，一定要保持绝对安静，不得在他人讲话时，分心、注意力不集中、一心二用、与其他人随意交谈或翻阅书刊。

保持安静是公共场合最重要的，走路时鞋子的质地不同会产生不同的声响，所以脚步要放轻，更不能故意走得咯咯作响。遇到急事时，也不能急不择路，慌张奔跑。特别是穿短裙或旗袍的女士，要临危不乱。

2.讲究卫生

对交际而言卫生是最基本的，你的服饰可以与发型、妆容不配，你的衣服可以不是高档次的，但是要做到头发和服饰的整洁，包括个人卫生还有你居住的环境卫生，都是无声说明你为人的东西，所以都不能掉以轻心。

戴隐形眼镜或者是爱上火的人、上了年纪的人，要注意经常检查眼角是否有异物，并及时清洁异物。

如果要参加交际，一定要先做好个人卫生，洗澡、刷牙等浑身上下都不能有任何的异味。吃了大葱、大蒜等气味浓烈的食物，会让人对你退避三舍。如果实在无法避免或者因为身体的健康原因，可以用口香糖或爽口剂等去除异味。

洗净头发，梳理好整齐适合的发型，时刻要留意你的头皮屑，不要让你的上衣领子或是衣服的背后落下头皮屑。头皮屑是破坏形象的头号杀手。

手是人的第二张脸，所以要时常保持手干净。即使是繁忙和劳累；对手也不能有丝毫的马虎。即便自己的手指非常好看，很适合留指甲，也要忍痛割爱修剪整齐，因为在交际活动中不宜留过长的手指甲。

掏鼻孔、挖耳朵更是交际活动中的大忌。吃饭后也不准许在众人面前，用牙签去剔牙齿，这样做只会倒别人的胃口。

自己的居住环境最基本的是要保持室内卫生，经常给室内通风换气，保持室内空气新鲜，有益于自己的身体健康。室内目光所及之处和摆放的物品，不允许有灰尘或污痕。室内的纺织品，如窗帘、桌布等要保持洁净；烟灰缸、杯子这些常用的器皿使用之前要清洗干净。

同一问题的两个方面是个人卫生与环境卫生，两者是互相制约的，两者要平衡。个人卫生再好，居室搞得像狗窝，也不能算是讲卫生的人，就好像“金玉其外，败絮其中”是否真的是好东西呢？

3.保护环境

现在经常提到的“可持续发展”，狭义一点说就是环境的保护。环境是人类赖以生存的空间，也是社会存在和发展的物质基础。

全球的变暖，臭氧层的空洞，日益破坏的生态环境，这些现象使许多有识之士奋起为保护环境而斗争，不甘人类社会为环境污染所毁灭。现在西方各国大都建立了环保组织，其中包括世界性的环保组织，领导着此起彼伏的环保运动。保护环境是全人类的义务，也是社会公德的一个重要组成部分。

这里所讲的保护环境主要分以下几个层次。

（1）保护人类的生存环境。

（2）保护自然环境。在公园里不准乱扔果皮纸屑等，否则会受人指责、干预。人们在这类地方游览和休息完毕，要自觉地把自己产生的废弃物带走。毁坏树木、践踏绿地、采折花朵、污损雕塑等行为不仅为人们所唾弃，还应该用法律手段来约束。

（3）爱护公共场所的卫生。在高速公路和铁道旁边都不能抛废弃物品。对公共场所的公用物品要倍加爱惜，对此污损、偷窃都为公德不容。下雨或下雪时进入公共场所，人们要自觉地将雨具留在室外或前厅。应在门外的擦鞋垫上擦干净鞋子，拖泥带水地入内，是很失礼的举动。到受保护的场所参观、游览，要穿上鞋套后再入内。

4.爱护动物

动物和人类一样是有着生命和灵魂的，理应受到了社会的关爱和保护。西方各国建立了各式各样的动物保护组织，其成员都是义务的来自社会各阶层。他们利用自己的业余时间宣传保护生态平衡和爱护动物的重要性，并积极采取行动阻止滥杀动物，拯救濒危的珍稀动物。他们的行为不止仅限于本国，他们的博爱和信仰使他们不辞辛劳，到世界各地救助即将灭绝的动物，如海牛、海龟、鲸鱼等，他们的行动受到普遍尊敬，也带动了更多的人加入他们的行列。

在西方，残杀、虐待动物都是不能被容忍的非人道的行为，不但会遭到社会舆论的谴责，而且可能会面临法律的起诉。裘皮一直以来是西方国家服装设计师眼中最好的设计灵感，是永远不会被淘汰的时尚。但是，裘皮服装和象牙饰品需求的迅速提高会诱使人们滥杀象、狮、虎、豹。所以，现在在一些国家人们以穿着真皮服装和佩戴象牙饰品为耻，也有一些国家明令禁止类似的动物制品的生产贸易和进出口。

猫、狗甚至小猪、蜥蜴等在西方都是被认为具有灵性的，是人们经常饲养的宠物。狗的地位尤其尊贵，它自古被视为人类的忠诚伴侣和家庭成员之一，备受怜爱。用欧美人的眼光看中国人吃猫、吃狗大补的食疗法，简直是不可思议的。

还有一些国家，某些动物受到特殊的照顾乃至宗教式的崇拜。例如在欧洲各国的广场上，成群的鸽子可以旁若无人地踱步甚至抢食行人手中的食品，这是他们那里特有的街头景观。然而在印度，牛是神，只许牛欺负人，不许人欺负牛。印度人还崇拜老鼠，把它称作神的使者，神圣不可侵犯，所以在印度的老鼠比中国的金贵。

第 8 章

口才形象——你千金不换的口碑

震天下者必震于声

人的一生不可能风平浪静，当你被人误解、遭人责难，甚至因为不屈不挠招致恶势力的攻击，危及生命时，你如果不甘受辱、受屈，总要伸张正义，总要讨个说法，以保护自己。而在很多情况下，你是无法以其他形式来达到自我保护的目的的，最靠得住的是自己的嘴。当众疾呼、辩诬、申述、宣传是最直接、最有效的生命之盾，许多时候可保你生命无忧，转危为安。

1933年，希特勒党徒焚烧德国国会大厦，以嫁祸于共产党人。在对共产党人大肆逮捕中，当时恰在德国的保加利亚共产党总书记季米特洛夫也被逮捕。在莱比锡的审判法庭上，季米特洛夫义正词严地反驳敌人的陷害，寸步不让地为自己辩护，无情揭露敌人的阴谋，弄得敌人狼狈不堪，丑态百出。由于他及时有效地利用当众讲话这把盾牌，进行自我辩护，法庭最终宣判其无罪释放。

古巴革命领袖卡斯特罗，1953年7月率队攻打蒙卡达兵营失败被捕，10月16日他在审判他的法庭上作了题为《历史将宣判我无罪》的长篇辩护，慷慨激昂，有理有据，使审判者无言以对。结果卡斯特罗反从被告变成了原告。他结尾的那句“历史将宣判我无罪”，数十年来一直成为人们交口称颂并被广泛仿效的自我辩护的名句。

在西方发达国家里，当前无不把会说话作为衡量优秀人才的重要尺度，每个公司、企业招聘各类人才，都要进行口试。在日本，一些大公司在招聘人才进行面试时，专门就说话能力规定了若干不予录用的条文。其中有：

应聘者声若蚊子者，不予录用；

说话没有抑扬顿挫者，不予录用；

交谈时，不得要领者，不予录用；

交谈时，不能干脆利落地回答问题者，不予录用；

说话无生气者，不予录用；

说话颠三倒四、不知所云者，不予录用。

日本大公司的这些规定也反映了这样一个事实：说话与事业的关系至为密切，它是胜任本职工作最重要的条件之一。知识就是财富，口才就是资本。能说会道，才能正确地领悟上级的意图并恰当地表达出来，一个唯唯诺诺、语无伦次的人定不能胜任自己的工作。通过讲话让领导、同事、群众更深层次地了解你，才能让大家信任你，才有机会被提拔到更高的职位，胜任更重要的任务，才有施展才华、事业成功的机会。用好这种催化剂，事业成功也便指日可待了。震天下者必震于声！

好口才，代表着一种实力

口才是一个人智慧的反映，是影响一个人事业成功、人际和睦、生活幸福的重要因素，是一种可随身携带永不过时的基本能力。口才活动离不开知觉、观察、记忆、思维、想象等心理活动的基本形式。一个人的气质、性格、能力等个性心理特征直接决定了其口才的高低、风格，甚至是社会价值。

“口才”一词，早在三千多年前的周朝已有所见。据孔丘门人所撰《孔子家语·七十二弟子解》称：“宰予，字子我，鲁人，有口才著称。”正如古时也有将“人才”写为“口材”，“口才”抑或写为“人材”。如宋·王明清《挥尘后录（十）》有载：“周望，字仲弼，蔡州人，有口材，好谈兵。”我国自古以来，就有重视语言表达能力的传统，并已充分认识到口头表达在安邦定国、社会交际中的作用。

清朝著名的文艺批评家叶燮曾提出“才、胆、识、力”是人才成长的重要因素。这里的“才”，其一就是“口才”；这里的“胆”，更是在强调人在社会交往中敢于说话、在大庭广众前敢于演讲的“胆”。

进入21世纪，人们对口才的重视达到了前所未有的高度。有没有良好的口才，已成为衡量一个人素质的基本标准之一。从一个人的口才上往往能看出一个人的综合实力，口才几乎在每一个人的命运里都扮演着十分重要的角色。

口才好，有可能改变你的命运。我们拿面试来说，现在国内外大小公司，已把面试作为人才招聘的必要途径，其中有大多行业尤其看重口试。在这种情况下，“口才”这门课程在许多高校已经属于必修课，即使设为选修课，选修的人也很多。因为，现在高校一般不包毕业分配，绝大多数学生根据人才市场需要来寻找职业，在最后一学年，也就是说在学习尚未完成、毕业论文尚未启动或刚启动的时候，他们已首先通过口才叩击着求职的大门，学生们越来越感到口才的重要性。

随着人们越来越认识并热衷于口才修炼和培养，口才已经成为衡量个人能力的一个重要标准，口才已经成为人们开展社交、工作、商务、管理等活动的必备技能。口才代表着一种才能，体现着一种实力。

好口才，成就一生的财富

一个人有较好的语言表达能力，这也是一个人的财富。一个人才如果只会死干事而完全不善言辞、笨嘴笨舌的，这样是不利于做好本职工作的。

现如今的社会各个方面都需要沟通，需要交流，而人与人之间交流思想，沟通感情最直接、最方便的途径就是语言。只有通过出色的语言表达，才可以使相互熟识的人之间产生浓厚的情意，爱之更深；使陌生的人产生好感，结成友谊；可以使意见分歧的人互相理解，消除双方的矛盾；可以使彼此怨恨的人化干戈为玉帛，友好相处。

不管你生性多么聪颖；接受过多么高深的教育；穿的是多么漂亮的衣服；拥有多么雄厚的资产；如果你根本就无法得体恰当地表达自己的思想，那么将仍旧一无是处。要想让别人喜欢自己，必须培养自己的说话能力，只有这样，才能打开人与人之间沟通的大门，彼此的心灵才不会产生碰撞的现象，从而产生共鸣。在各种各样的人际交往中，会说话的人将会非常的受欢迎，能轻松地与他人融洽相处，在社会交往中如鱼得水。会说话常常会给一个人带来美好的人生，也是成就一个人一生的财富。

无论是在生活中，还是在职场中，我们都会经常听到别人这样说："我这个人，笨嘴笨舌，讲不好话。"却并不以为这是多大的缺憾。其实，这是一个错误的观点。现在的社会是个信息大爆炸的社会，信息的作用越来越大。一般来说，一项工作需要众多员工的合作、多个信息的综合。语言是比较普遍、方便，也是最直接的传递方式。语言能力强，双方就能顺利而准确地接受和理解信息，也能顺利地交流；语言能力弱，就不能很好地把信息传递给对方，交流会因此出现中断，甚至中止，进而导致失败。因此，若想在社会上游刃自如，不仅要有新的思想和见解，还要能在别人面前很好地表达出来。

在日常交往中，会说话的人能把平平常常的话题讲得十分的引人入胜；嘴笨口拙者即使讲的内容非常好，听起来也会觉得索然无味。有些建议，会说话的人一说就通过了；而那些不会说话的人却连诉说的对象都没有。

也就是说，会说话是打开成功大门的一把金钥匙，可以带来意想不到的效果，会说话的能力，可以成就一个人一生的财富！

天天说话不见得会说话

人天天都在说话，但是，有的人说起话来，娓娓动听，使人听了全身的筋骨都感觉到舒服；有的人说起话来，锋芒锐利，像是一柄利刃，令人感觉到十分恐惧；有的人说起话来，一开口就使人感觉到讨厌。所以人的面貌各不相同，而人所说的话和获得的效果，也正像面貌一样各个不同。

说话是一件不容易的事。我们天天都在说话，但并不见得个个都会说话。“口齿伶俐”“三寸不烂之舌”这种赞词，完全是对于会说话的人的称赞。话说得好，小则可以欢乐，大则可以兴国；话说得不好，小则可以招怨，大则可以丧身。

近代美国诗人弗洛斯特从说话的角度，把一般人巧妙地分成两类：第一类是满腹经纶，却说不出来的人；第二类是胸无点墨，却滔滔不绝的人。弗洛斯特的观察非常深入，我们在生活中经常看到一肚子学问而讷于言辞的人，也经常听见不学无术的人废话连篇。所以，交谈最根本的条件是：既要有充实而有价值的内涵，又要善于表达，使人听得痛快，而且回味无穷。所以“有话可说”实在不是件容易的事，要达到“言之有物”的境界，更要不断学习，力求充实自己。

平心而论，中国传统并不鼓励人研究交谈方法，顶多不过提出若干基本原则，让各人“运用之妙，存乎一心”而已。但是，我们中大部分人却没有能力去体会并运用这些原则，甚至曲解“巧言令色，鲜仁矣”的道理，弄得简直不敢开口。然而在当今社会，社交场合交谈艺术却已是处世的第一要诀，不可不细加研究。律师出身的美国参议员，也是美国最著名的演说家之一——戴普曾经说过：“世界上再没有什么比令人心悦诚服的交谈能力更能迅速获得成功与别人的钦佩了，这种能力，任何人都可以培养出来。”

的确，能够在交谈中把意思有效地表达出来的人，走到哪里都可以出人头地。他们不但可借口才引起旁人的重视，也比一般人拥有更多、更好的发展机会。一个人必须了解：如何探寻事物，如何说明事理，以及如何进行说服性的言谈，才能获得他人的支持和事业上的成功。

别让形象毁在说话上

我们与人交往时，说话的内容固然重要，但别人对你的评价如何，你给别人的印象是好是坏，很大程度上是由你的语言表达方式决定的。

因此，应该承认，在社会交往中注意自己的说话方法，是开口说话至关重要的一个环节。

有的时候，谈话的重点会在我们轻松自在的说话中明显地表达出来；有的时候，我们以平和的心态与人说话，也会留给对方深刻的印象；有的时候，我们怒气冲冲地与人讲话，也能获得别人的好感；甚至有时候我们与人说话时心不在焉，却依然能够表达自己要讲的意思。

这是为什么呢？这就是因为在不同心态下用不同的说话方法，可以决定我们能否把该强调的重点充分地表达出来。

当然，一个人在与人说话的时候，始终保持一份好的心情，肯定能加深别人对他的好感；反之，说话时装模作样、自命不凡、优越感太强的人，便不会得到别人的认同，朋友也会离他越来越远。

说话应该做到条理分明，因为有关你的工作能力、教育程度、知识水平、兴趣爱好、审美追求等许多方面的情况，皆是通过你的言谈表现出来的。一个说话东拉西扯而没有层次的人，很难让人明白他究竟想要说什么。

所以，一个人说话不能掌握正确的方法，不能强调重点，言语没有分寸，他就不会给人留下好印象，他的社交活动肯定劳而无获，不会有什么好结果。

任教于美国明尼苏达教育学院的罗伯·格林教授，曾请求参加一次研讨会的75位来宾分别写下自己焦虑不安的原因。

结果，令人焦虑不安的主要原因有：

“当我还没有讲完话的时候，其他的人已开始发表自己的意见，使得我的话头被打断。”

“不听别人讲话，自己一味地说。”

“在讨论会上，别人只想发表意见，而忽视自己的言论。”

“说话时有被人轻视的感觉。”

“话讲到一半，忽然被人打断。”

“怕讲不明白。”

“怕没讲明白。”

“对方是否在认真听。”

“自己讲话过于片面。”

“话讲到一半便失去了兴趣。”

“对方无故沉默。”

我们在人际交往中，是否也犯过上述这些毛病，是否也因此而无意伤害过别人呢？

现在，你不妨先用下面这些问题来检查一下自己：

开始与别人交谈时，会希望别人快点说完吗？

和不熟悉的人说话时，会觉得不知道说啥吗？

与对方交谈时，你还会想其他事情吗？

是否时常会有找不到话题的时候？

不喜欢别人为你介绍陌生人吗？

是否时常会有想不出好措辞的时候？

是否常常想中断对方的谈话？

即使和亲朋好友谈话，也会有没有话题的时候吗？

当你讲话时，是否感觉到其他人的坐立不安？

对方是否常常会中断你的谈话？

与人交谈时，争执的情形多吗？

你觉得用家常话会很难和别人交谈吗？

是否觉得自己不会幽默？

在会谈的时候，你是否会认为提早结束比较好呢？

是否常常请求对方赶快说明情况？

是否一讲起来就没完没了？

常想教导别人吗？

是否时刻在维护自己的形象？

以上这些问题，如果你有7个以上的回答是“是”，那么你就有必要注意说话的技巧了。掌握正确的说话方法，能使我们判断出自己的想法是否合乎情理，同时也能让别人对我们有一个正确的评价，时间一长，自然能给人们留下良好的印象。

说话的风格，形象的魅力

培养自己讲话的风格，使其独树一帜，对你的讲话将起到意想不到的效果。

一个人说话有自己的风格，说话才容易吸引别人，并产生应有的魅力。同样，如果你想成为说话高手，那么，你的说话风格必须有某种独特的地方，以便引起人们的注意，或者使人们容易记住你。你可以利用自己的长相，或身体某种特殊之处，来引起别人注意，但这只能暂时的，也是远远不够的，它只能帮助你引起人们的注意，而不能真正吸引人们。除非你有伟大人物的那种超凡的魅力，否则你必须培养自己说话的风格，这才是使你让别人信服和不忘的最好方法。

美国的艾奥瓦州锡格尼市的凯欧库克旅馆是方圆几十里的流动推销员最爱去的地方，他们不管远近都想到那里去投宿。为什么呢？因为那里的店老板，人称“快乐的韦勒”，是一位笑口常开的人。他对谁都能说上几句好听的话，自从人们认识他这么多年以来，从来没有听到他对谁说过一句不顺耳的话。韦勒有他与众不同的地方，说话有他自己独特的风格。后来他成功了，成为当地有名的富翁。

记住你谈话的风格，你与别人交谈的方式，都能为你的名声和你的成功做出重大的贡献。如果你对下级讲话趾高气扬，甚至有鄙视的口吻，那下级就会怨恨你。如果你对上级讲话过于谦恭，他们就可能认为你缺乏能力或者没有骨气，不敢委你以重任。你讲话的风格，不仅仅是你使用词汇的问题，而且是你使用词汇的方式方法的问题，从中也能反映出你的态度和修养。因此要想树立自己的讲话风格，说话就不能忽左忽右变化无常，更不要试图去模仿别人，表现出不属于自己风格或不适合自己风格的东西。虽然学习别人是件好事，但不要故意去模仿别人的风格或者说话的口吻。

这种道理很简单，不用多解释谁都会明白，谁都不想遇到一个装腔作势的谈话者。学别人说话，就像那种喝了大量酒的人，他隐瞒不了自己喝了酒的事实，因为人们一闻就明白了，“他把自己当成了别人”。

在谈话的时候，表现出自己自然的风格是上策，但要努力发展你自己的独特风格，而不是去发展别人的独特风格。有些人，当他们与别人谈话时，认为自己有必要装腔作势，或者戴上一副假面具；有些人试图表现得很友善，有的时候甚至表现出媚态；有些人急功近利，就像做电视商业广告一样。这些人的失误在于他们表现的都不是他们自己的本色，自然得不到别人的信服。要有自己的个性，你看到的我是什么样，我就是什么样，不管你喜欢不喜欢，但你总会相信同你谈话的那个人是真实的，不是假冒的。无论对也好，错也好，都要真诚地对待每一个人。因此，只要把握好说话的分寸、原则，总会受到别人的喜欢，从而慢慢形成自己说话的风格，因为你用真诚的自我与别人交流，你用自己的风格和别人说话。

给人留下好印象的说话技巧

有些人说话虽然在内容上不占优势，但他的说话方式却会给人一种非常迷人、令人舒服的感觉。毕竟说话者有其本性，每一次对话会因为说话技巧的不同而有各种不同的回响、反应。那么，把对方步步引入对话的绝佳境地、给人留下好印象有什么技巧呢?

1.风格明快

生活中大多数人不喜欢晦暗的事物，即使草木也需要阳光才能生长。同样，给人阴沉感的谈话，会让人有疑虑感、厌恶感及压迫感。反之，说话简洁明快，则容易让人接受。

2.声音独特

有的人说话的声音给人一种享受，因为他的嗓音实在是很动人。他们谈话时，非常注意说话的声音，而选择说话的声音，完全依靠他们的天赋、个性及所要表达的情感而变化。有条件的话，你可自我充当对象，把自己的话录下来再仔细地听，你可能会吃惊地发现，自己说话竟有那么多毛病。这样经常检查，发音的技巧就会不断提高。

3.语气肯定

每个人都有自尊心，很容易因为某些微不足道的事就感到自尊心受损。如此一来，你要在谈话中稍不注意说话的方式方法，他会立即反射性地表现出拒绝的态度。所以要对方听你说话，首先得先倾听对方要表达些什么。所谓“说话语气肯定”并不是指肯定对方说话的内容，而是指留心对方容易受伤害的感受。

4.语调自然

自然的声音总是悦耳的，在交谈中我们应该注意，交谈不是演话剧，无论你是什么样的语调，都应自然流畅，故意做作的声音只能事与愿违。当你交谈的对象不是一个人，而是许多人时，应采用以下的技巧：当前一个人声音很大时，你开始说话时就可以压低声音，做到低、小、稳；当前一个人音量较小时，你的开始句就要略提高嗓门，清脆响亮，以引起大家的注意。

5.习惯用法

人类生存在当今的语言环境中，对于语言拥有自己的运用标准，一旦不符合标准，就会产生不协调的感觉，其中包括语气与措辞。在人际关系中，确实有必要根据实际情况或对方是谁而分别使用适当的语言。如果不分亲疏远近，一律以和同事谈话时的措辞来谈，那么对方将不会老老实实地听我们说话。

“太好了”“好棒哟”“真可怕”这些都是一般女孩子说话时常会冒出来的感叹词。当然，这也是一种感情洋溢的表现。一句话若没有抑扬顿挫，则流于平淡，引不起对方的兴趣，若能添一些感叹词，则能增加彼此之间的谈话的气氛，但要适可而止，过多的感叹词，亦会抹杀言词的重要性，使对方不能分辨你的意思。

6.思路清晰

当之前的谈话争论不休，而且没有头绪时，你站出来讲话，就要力求语句简短，声音果断，有条理。

在大众场合发言时，你要想清楚自己讲什么，怎么讲，讲到什么程度。再者最好不要夹在中间，要么赶在前面，要么最后再讲，这样才能使人印象深刻。

获得他人好感的说话方法

说话也想获得别人的好感，我们建议可以从下面六个方面入手：

1.多提善意的建议

当一个人关心你时，只要这份关心不会伤害到自己，并且对方还提了一些善意的建议，你当然会欣然接受，对这个人产生好感。那么，反过来你对别人若也如此，别人也会同样对你产生好感。

满足他人自尊心最佳的方法就是善意的建议。对方是女性时，仅说“你的发型很美”，只不过是句单纯的赞美词；若是说“稍微剪短，看起来会更可爱”，对方定能感受到你对她的关心。若是能不断地表示出此种关心，对方对你必然更加亲切信任。

2.偶尔暴露自己一两个小缺点

有时坦率地暴露缺点，反而会迅速获得对方的信任，给对方留下一个正直、诚实深刻的印象。

只是暴露自己的缺点并不是毫不保留地将所有的缺点都暴露出来，如此做，反而使人认为你是个毫无可取之人，因而丧失了你的信任。

暴露的点只要一两个就可以了，可使他人把这一两个缺点和其他部分联想在一起，因而产生其他部分毫无缺点的感觉。但这绝不是狡诈，只是交际的策略和需要。因为也没有人会拿自己的缺点和别人交往。“这个人有点小缺点，但是其他方面挑不出毛病来，是个相当不错的人。”类似上述的想法就能深深植入他人的心中。

3.记住对方所说的话

一位心理学家应邀去演讲，不料主办方却问他：“请问先生的专长是什么？”他颇为不高兴地回答：“你请我来演讲，还问我的专长是什么？”

招待他人或是主动邀约他人见面，事先多少都应该先收集对方的资料，这是一种礼貌。换句话说，表现自己相当关心对方，必然能赢得对方的好感。

记住对方说过的话，事后再提出来做话题，是表示关心的做法之一，也是说话的策略之一。尤其是兴趣、嗜好、梦想等事，对对方来说，是最重要、最有趣的事情，一旦提出来作为话题，对方一定会觉得很愉快。在面试时，不妨引用主考官说过的话，定能使主考官对你另眼相看，印象深刻的。

4.注意对方微小的变化

生活中，一般做丈夫的都不擅长对妻子表现自己的关心。比方说，妻子上美容院改变发型时，明明觉得她“看起来年轻多了”，却不作任何表示，因而使妻子心里不满，觉得丈夫不关心自己。

不论是谁，都渴求拥有他人的关心。而对于关心自己的人，一般都具有好感。因而，若想获得对方的好感，首先必须积极地表示出自己的关心。只要一发现对方的服装或使用的物品有些微小的改变，不要吝惜你的言辞，立即告诉对方。例如：同事打了条新领带时，“新领带吧，在哪儿买的？”像这样表示自己的关心，绝没有人会因此觉得不高兴。

另外，指出对方与往日的变化时，愈是细微和不轻易发现的变化，愈使对方高兴。不仅使对方感受到你的细心，也感受到你的关怀，转瞬间，你们之间的关系就会远比以前更亲密可信。

5.呼叫对方的名字

欧美人在说话时，常说：“来杯咖啡好吗？莱克先生”，

“关于这一点，你的想法如何？莱克先生”，频频将对方的名字挂在嘴边。这种作风往往使对方涌起股亲密感，宛如彼此早已相交多年。其中一个原因是他感受到对方已经认可自己了。

在我们的社会里，晚辈直接呼叫长辈的名字，是种不礼貌的行为。但是，平辈之间借着频频呼叫对方的名字，来增进彼此的亲密感，应是个非常有益于彼此交往的方法。

6.注意细节，投其所好

有位朋友有个奇怪的习惯，总是把他人名片的背面写得密密麻麻。与其说他是为了整理人际资料或是不忘记对方，倒不如说是为了下一次见面做好准备。也就是说，将对方感兴趣的事物记录下来，再度见面时，自己就可提供对方关心的情报作为礼物。即使只是见过一次面的人，若能记住对方的兴趣，在第二次、第三次见面时，不断地提供这方面的知识或是趣事，借此显示自己对于对方的兴趣很关心，结果，必然使对方产生强烈的好感。

或许有些人会认为此种做法太过于功利主义。事实绝非如此。这种做法的确出于对对方的关心，更何况对对方也是真正有益的。借着经常保持此种姿态，结果必然能将一般通用的话题化为己身之物。换句话说，以长远的目标来衡量，此种做法能成为表现自我的有力武器，以此迅速获得对方对自己的好感和信任。

你的世界由你的口才来建造

在富兰克林的自传中，有这样两段话：

我在约束我自己的时候，曾有一张美德检查表的实行，当初那表上只列着12种美德，后来，有一个朋友告诉我，说我有些骄傲，这种骄傲，常在谈话中表现出来，使人觉得盛气凌人。于是我立刻注意这位友人给我的忠告，我相信这样足以影响我的前途，然后我在表上特别列上虚心一项，我决心竭力避免一切直接触犯别人感情的话，甚至禁止自己使用一切确定的词句，像“当然”“一定”“不屑说”……而以“也许”“我想”“仿佛”……来代替。

说话和事业的进步有很大关系，你如出言不慎，你如跟别人争辩，那么，你将不可能获得别人的同情，别人的合作，别人的动力。

的确，一项事业的成败，常会在一次谈话中获得效果。你如出言不慎，无理跟别人争吵，那么，你就不会获得别人的同情，别人的合作，别人的帮助。无数成功者的事实证明，敢于当众讲话，善于说话是事业成功的催化剂，直接关系事业的成败。

1983年元旦，英国女王为多年给首相撒切尔夫人担任顾问的戈登·里斯授以爵位。其主要功绩是：有效地提高了撒切尔夫人的演说能力和应答记者提问的能力；为撒切尔夫人撰写了深得人心的演讲稿……一句话，为英国塑造了一位崭新的“风姿绰约、雍容而不过度华贵、谈吐优雅和待人亲切自然的女首相形象”。由此可见，英国王室和政界对政治家的口才是如何的重视。

事业的成功和失败，往往决定于某一次谈话。这话绝不是过分夸张的，美国人类行为科学研究者汤姆士指出：“说话的能力是成名的捷径。它能使人显赫，鹤立鸡群。能言善辩的人，往往使人尊敬，受人爱戴，得人拥护。它使一个人的才学充分拓展，熠熠生辉，事半功倍，业绩卓著。”他甚至断言：“发生在成功人物身上的奇迹，一半是由口才创造的。”

第9章

修炼身心——你的形象价值连城

热情，让你的形象魅力四射

人生是一种选择，个人形象也是一种选择。不一样的选择会有不一样的结果。

你选择心情愉快，你得到的也是愉快，呈现在别人面前的也是一副快乐的形象。你选择心情不愉快，你得到的也是不愉快，当然留给别人的也是一副不快乐的形象，甚至是悲观形象。我们都愿意快乐，不愿意不快乐。既然这样，我们为什么不选择愉快的心情呢？毕竟，我们无法控制每一件事情，但我们可以选择我们的心情。

每个人的观念及价值观不同，所以看待同一件事情所得到的反应也不同。你觉得是件快乐的事情，在别人看来却有点伤感。每个人都有自己的快乐标准，每个人也都有每个人不一样的忧愁。

每天清晨都告诉自己：生活是如此美好，我感到很快乐。懂得为自己歌唱、为生活歌唱、为生命歌唱的人，快乐就会紧紧相随。当你快乐时，周围的人受到你的感染，也乐得心情舒爽、开朗，自然喜欢与你亲近。

其实，快乐和悲观都很简单，就像吃葡萄时，悲观者从大粒的开始吃，心里充满了失望，因为他所吃的每一粒都比上一粒小。而乐观者则从小粒的开始吃，心里充满了快乐，因为他所吃的每一粒都比上一粒大。悲观者决定学着乐观者的吃法吃葡萄，但还是快乐不起来，因为在他看来他吃到的都是最小的一粒。乐观者也想换种吃法，他从大粒的开始吃，依旧感觉良好，在他看来他吃到的都是最大的。悲观者的眼光与乐观者的眼光截然不同，悲观者看到的都令他失望，而乐观者看到的都令他快乐。

知道悲观是快乐的一大敌人之后，我们就要想方设法克服悲观的情绪，树立乐观的形象。如果你是那个悲观者，你不需要换种吃法，你只需要换一种看待事物的眼光。

尘世生活中有许多为人所追求的舒适的物质享受、为人欣羡的社会地位、显赫的名声，等等。今日的青年人追求的“时髦”“新潮”“时尚”“流行”，也是一种“世味”，其中的内涵说穿了，也不离物质享受和对“上等人”社会地位的尊崇。专注于此，人就会像被鞭子抽打的陀螺，忙碌起来——或拼命工作，或投机钻营，应酬，奔波，操心……你就会发现快乐越来越远，自己很难再有轻松地躺在床上读书的时间，也很难再有与三五朋友坐一起“侃大山”的闲暇，你忙得忽略了孩子的生日，你忙得没有时间陪父母叙叙家常……这虽然是令人烦恼的事，但你要试着从容面对得失，重新培养快乐的心情面对一切。

有一个人，他觉得自己从小到大都是一名失败者，失败永远陪伴在他的身边，因此他从来都不快乐。他感到上天的不公平，于是，他决定去寻找上帝，询问上帝快乐是什么。他翻山越岭，来到河边，见到一位老翁，就走过去问："老人家，快乐是什么？"那位老人回答他："快乐就是每天都能钓到鱼，那就是快乐。"这位年轻人继续他的旅途，他渡过了河，来到了森林中，遇见一个正在赶路的中年男人，就问他："快乐是什么？"那个中年男人回答他："快乐就是每天都能捕获野兽。"

在每个人的字典里，对快乐的定义和认识都不一样。很多人不快乐，这也许是一种传统教育下过度谦虚的表现，因为要严于律己，所以对自己的要求与批评就很多，期望也就过高，常常造成否定自己的心态；认为自己很多地方都不够好，因此也没有理由让自己快乐起来。久而久之，就产生了自卑感，失去了自信心，认为自己的存在没什么价值，因而活得非常消沉，甚至厌世。可能由于我们太渴望成功，总以为只有取得了成功我们才会快乐。也正由于此，我们可能会给自己设定一个很高的目标，认为实现了这个目标人生才是成功的，同时我们也因为眼睛只盯着这个目标，忽略了身边很多美好的和值得珍惜的事物。成功的希望是好的，但不要让它限制了我们的目光和心情，有的时候如果我们把眼光关注于自己力所能及的事情上，也许生活在你不同的眼光里就会变得快乐起来。

有一位住在佛罗里达州的农场主，曾创造了一个商业上的奇迹。在他当初买下那块农场时，那里土地贫瘠，各种果树都不宜种植，甚至连养猪都不行。除了一些矮灌木与响尾蛇，一切都难以生存，他几乎看不出这块土地有什么用途。因此，他的心情十分低落。后来他想到个好主意，决定再投资，开发利用这些响尾蛇资源。于是他不顾大家的反对，开始把响尾蛇肉加工成罐头。而且，旅游资源也成了他的又一生财之道，每年平均有两万名游客到他的响尾蛇农庄来参观。游客到这里亲眼看见毒液被抽出后送往实验室制作血清，蛇皮被高价售给制鞋厂生产女鞋与皮包，蛇肉罐头则运往世界各地。连当地邮戳都盖着“佛罗里达州响尾蛇村”，可见当地人都以这位把毒柠檬做成甜柠檬汁的农场主为荣。

快乐的人生态度，总能使人把不幸化为一种机会。哈里·爱默生·佛斯狄克曾语重心长地说：“真正的快乐不一定是愉悦的，它多半是一种思想上的胜利。”没错，快乐源自一种成就感，一种自我超越的胜利，一种将酸柠檬榨成柠檬汁的经历。

乐观，让你的形象大放光彩

“乐观”两个字说起来很简单，但做起来并不是那么容易。首先，你必须要学会在逆境中发现光明。一位母亲告诉他的儿子，天真的很黑的时候，星星就要出现了。

如果保持开朗的心境不那么容易做到，你就和乐观的人交朋友吧，他们积极向上的人生态度会感染你，使你在不知不觉中变得开朗起来。另外，你可以尽量做一些有益自己心境的联想。一位好朋友出了车祸，车子全毁了，幸好人没事。大家都在哀悼他那部昂贵的车子，他却很开心地说："太好了，这几年缴的保险费全收回来了！"

你可以先从发现自己的优点开始。每天想一两件你擅长的事或你曾做过的最成功的事。有了信心之后，就不会因为惧怕失败而处处放不下，然后唉声叹气，老往坏处想，弄得自己死气沉沉。

充分运用笑话也是一个好方法。一个很少哈哈大笑的人，会越来越没力气，心情越来越不明亮。平常能够多多充实头脑中的笑话，不但能讲给别人听，还可以让自己开怀大笑，是个很好的增氧运动。

听一些可振奋人心的音乐也很不错。有空多找些轻松、活泼的音乐，可以帮助自己活动起来。

我们也可以从关注自己的心灵做起。我们要学会换一种眼光欣赏人生，反正事情不能十全十美，为什么我们不过得快乐一点？悲伤的情绪让那些先天爱生气的人去发挥吧！我们要对自己的人生负责。

就算遇到痛苦、伤心、不可挽救等可能成为压力的事情时，也不要沉浸于忧虑中不能自拔，而是应该随时提醒自己要打起精神来，保持希望，勇往直前，相信明天会更好，这样一来任谁都会逐渐变得乐观进取。不仅如此，乐观主义还可使我们塑造出足以与压力对抗的坚强心理和健康的身体。

我们要重新学会如何感动、如何爱别人，如何不去计较那些反面的事情，这样我们的每一天都可以是一个崭新的开始，充满了光明和希望。

要记住，人们都喜欢和乐观的人在一起合作。

逃离忧虑的魔掌，树立健康快乐的形象，这是成功人生的第一步！

担忧使许多人无法履行自己的义务，因为这消耗他们的精力，损害和破坏他们的创造力；而乐观则使人免于担忧，并能使他将自己的才能和创造力发挥到极致。

深受忧虑之害的人是无法充分发挥其应有才能的。如果处境困难，他就会束手无策。如果焦虑不安，他只会使自己无法做到最好。无论你需要什么，首先要把乐观放在前头。不要问怎么办、为什么或什么时候，你只要全力以赴。一定要有希望和信念，这是指引你成功所必需的。

一位以美丽著称的女演员曾经说过："想变漂亮一些的人绝对不可以忧虑。忧虑意味着所有美丽的毁灭、消亡和破坏，意味着丧失活力，无精打采，意味着多愁善感，意味着无休止的灾难。不要介意发生的事情，一个女演员绝对不可以忧虑。一旦她懂得这一点，那她就已经驶进了那条保持美丽容颜的高速公路的入口。"

如果一个老是忧虑重重的人能看到一幅他从不担忧时的画像该多好啊！如果他置身于另一幅自己忧虑重重时的画像旁，又该是一件令他多么震惊的事情啊！他忧虑重重时的模样看上去就像未老先衰，满脸都充满了恐惧和焦虑的皱纹，充满了极度沮丧和了无生气的表情。这幅画中的他似乎要比那幅快乐画像中的他苍老许多，在那幅显出快乐的画像中，他是那样的朝气蓬勃、充满乐观和满怀希望。

对于一件事情的看法，人们会因切入的角度不同而产生不一样的想法。一个忧虑的人，事事都往坏处想，于是愁眉苦脸、愤世嫉俗，忧思愁白了少年头，误了生命，苦了自己。除此之外，他的生活情绪也一定会大受影响，还会连带影响他人。

而反观乐观的人，他们会想办法在逆境中培养积极的情绪，用幽默的眼光看待不愉快的事情，最后反败为胜。

声望，让你的形象节节飙升

对企业家来说，有什么能比声望更重要的呢？它既可以为你带来经济利益，也会为你带来社会的尊重。为了这些，企业家没有理由不从一点一滴做起，提高自己的个人声望，塑造良好的形象。

1989年，李宁退役后，加盟广东健力宝集团，创立了“李宁”体育用品品牌，并以赞助1990年亚运会中国代表团为契机，开始了李宁公司的经营业务，从而开创了中国体育用品品牌经营的先河。

1992年巴塞罗那奥运会，“李宁牌”被选为中国体育代表团专用领奖装备，从而结束了中国运动员在奥运会上穿着国外体育品牌服装的历史。经过10年的发展，“李宁”早已成为中国体育用品的第一品牌，仅商标就价值千万元。

现在，李宁领导着自己的公司正向着品牌国际化的目标阔步迈进，目前“李宁”已同海外九个国家和地区的经销商签订了代理协议……

当然，李宁的商标之所以价值千万，是依靠他的个人声望及其产品质量而取得的。至今，人们都会清楚地记得那个创造“体坛神话”的体操王子，人们看到他的产品，就会想到他本人的形象。

本着“源于体育，用于体育”的精神，李宁一直积极地支持着国内外的体育事业，在北京申奥的过程中，李宁公司就是一个热心的赞助商，申奥成功之后，李宁公司仍将一如既往地去推动中国体育事业的发展。此外，李宁也非常热心于公益事业。这些都为他的形象增光添彩，直接影响着“李宁”产品的销售。

对于这样一个有着高尚精神和人格的人，人们能不相信他吗?

众多企业家的成功经验告诉我们：个人声望是无形的资产，他能把企业家的形象真正地树立在别人心目中。

一个人的声望名誉是非常重要的。好的声望名誉不仅可以给一个人带来崇高的地位，它还可以给人带来众多的朋友和众人的仰慕与信任，它使人愿意与你合作。古语道："得道多助，失道寡助。"声望好的人自然就是得道者，他们能够获得众人的帮助也就在情理之中了。

学问，充实形象的底蕴

知识改变命运，知识对于一个人就如同迷雾封锁的大海中央那一盏指明方向的灯塔，它使你心智澄明，看清自己前方的道路，在挫折与诱惑中坚定目标，充满勇气地不懈追求。它使你在海底迷宫一般的信息世界中保持清醒的头脑，坚守着自己独立思考的能力，辨别是非，不会为琐碎繁杂的事务阻挡自己前行的步伐。

人不是生来就拥有一切，而是靠自己从学习中所得到的一切来造就自己。

现在这个社会，有一种感觉：那就是形式大于内容，是一个包装的时代。商品注重包装了，人也开始包装自己，只注重外在包装，而不善于去包装自己的内心和精神。

事实上，随着时代的进步，人类的文明程度越来越高，市场经济的发展，要求人们不仅要包装自己的外形，还要充实自己的精神。只有如此，才能被社会所认可，也才有走向成功的可能。

树根理论告诉我们，如果将一个人比作一棵大树，物质食粮和精神食粮就是大树的根，也就是人的生命之根。生命之树常青，全在于根系的发达。而根系的发达就要靠我们提供的养料，以供给枝干繁茂的生长。而现代社会，物质食粮基本上是充足的，我们缺乏的是精神食粮。

如果你不能与时俱进，不断地通过勤奋学习充实自己，提高自己的能力，那你很可能从一个“人才”变成社会的包袱。人才其实是一个动态的概念，它不是一成不变的，不是永恒的。它需要不断地晋级，不断地发展，只有学习能力不断地加强，不断地提高，才能保证人才的新鲜，这样的人才才是信息时代的人才，才是真正意义上的人才。

这个充满竞争的社会，谁的学习能力强谁就能在同等条件下赶在竞争对手前面，成为第一赢家。

要在精神上重塑自己，就要不断地学习，增加知识的养分，这样才能充实你自己，迎接各种挑战。要多读书，一边读书，一边思考，让自己的大脑活跃起来。这里读的书包括很多，不是简单的专业知识、技术技能的书籍，而是多方面的书籍。你可以多读一些文学作品，因为文学是一种让人变得高雅、变得充实、变得聪明、变得有情趣的精神作品。也可以用前人的经验来充实自己，先学习前人，而后发展前人。

读书使人高洁，只有不断学习，才能在思想上保持高尚的境界。人总是要有点精神的，但精神境界不是天生的，而是在学习和实践中培养和塑造的。讲正气，必须养正气，这就要不断地学习和读书，知识多了，本领就会增大，精神境界就会提高，从而达到全方位提升自己的目的。

你肯花时间和金钱去装修头脑的外部，为什么不花一些时间和金钱好好修饰你的头脑内部呢？你应该通过定期阅读来充实自己。你自己的头脑越充实，你成功的机会就越大。

宽容多一点，魅力多一点

一位画家在集市上卖画，不远处，前呼后拥地走来一位大臣的孩子，这位大臣在年轻时曾经把画家的父亲欺诈得心碎而死。这孩子在画家的作品前流连忘返，并且选中了一幅，画家却匆匆地用一块布把它遮盖住，并声称这幅画不卖。

从此以后，那孩子因为心病而变得憔悴，最后，他父亲出面了，表示愿意付出高价。可是，画家宁愿把这幅画挂在自己画室的墙上，也不愿意出售。他阴沉着脸坐在画前，自言自语地说：

“这就是我的报复。”

每天早晨，画家都要画一幅他信奉的神像，这是他表示信仰的唯一方式。

可是现在，他觉得这些神像与他以前画的神像日渐相异。

这使他苦恼不已，他不停地找原因。然而有一天，他惊恐地丢下手中的画，跳了起来：他刚画好的神像的眼睛，竟然是那个大臣的眼睛，而嘴唇也是那么的相似。

他把画撕碎，并且高喊：“我的报复已经回报到我的头上来了！”

生活中的不平、坎坷、误解、私怨、纠纷……一波又一波接踵而来，莫不令人心烦意乱。每逢此时，你将如何呢？有一位哲人在回答弟子“如何摆脱烦恼”的问题时，精彩地说道：宽容。事实正是如此，生活中有不少的烦恼之事，正是缺少“宽容”而造成的，有时甚至因为不能宽容他人而酿成悲剧。

宽容是建立人与人之间良好关系的法宝。一个拥有宽容美德的人，能够对那些在意见、习惯和信仰方面与你不同的人表示友好和接受。依靠这份宽容建立起来的形象，不仅对你的个人生活具有很大的价值，而且对你的事业有重要的推动意义。一个人经历一次宽容，就可能会打开一扇通向成功的大门。借助宽容的力量，你可以实现自己伟大的梦想，成就自己的事业。

忍让和宽容不是怯懦胆小，而是关怀体谅。忍让和宽容是给予，是奉献，是人生的一种智慧，是建立人与人之间良好关系的法宝。一个人经历一次忍让，就会获得一次人生的亮丽，经历一次宽容，就会打开一道爱的大门。因此，人们常说：爱产生爱，恨产生恨。

2003年10月11日，在伊斯坦布尔苏克鲁·萨拉科卢球场开始的欧洲杯预选赛第7小组最后一轮比赛中，英格兰客场0：0战平土耳其，以小组头名直接出线。在比赛中罚飞点球的贝克汉姆成为土耳其球员的“出气筒”，但已是英格兰队长和两个孩子父亲的贝帅哥不再是1998年那个毛头小子了，他的忍辱负重为英格兰队赢得了宝贵的1分，而他在英格兰的队长地位也因此得到巩固。

英格兰队于12日返回英国，虽然埃里克森未能实现他在赛前全取三分的承诺，但能够直接晋级欧锦赛也足以令英格兰的批评声音减弱。而大部分媒体都对这场没有英格兰球迷助威的比赛持乐观态度。《卫报》评价说，从比分来看，这是一场乏味的比赛，但有了贝克汉姆罚失点球，有阿尔帕伊与英格兰队长的冲突做点缀，这仍不失为一场精彩的比赛。

英格兰队最好的一次机会出现在第35分钟，杰拉德创造了一记点球，但左脚踩滑的小贝却把点球踢飞。贝克汉姆罚失点球后遗憾地跪倒在地，此时土耳其队阿尔帕伊上前恶言挑衅，贝克汉姆正面迎向头部冲顶回应，眼看冲突一触即发，英格兰队友和土耳其门将鲁斯图上前将两人劝开。

但土耳其球员对贝克汉姆的挑衅并没有结束。半场休息时，阿尔帕伊和贝克汉姆在球员通道上再起冲突，最终竟有多达50名球员和官员牵涉到此起事件中。据贝克汉姆事后透露，当时阿尔帕伊故意走到他身后，并用粗话侮辱他的母亲，而且还做出挑衅的动作，随后两人在球员通道里开始对峙，最终贝克汉姆选择了让步。

自转会皇马之后，贝克汉姆在英格兰的人气一度大幅下滑，再加上之前传出婚外恋的绯闻，小贝的好丈夫形象也受到损害。这次在伊斯坦布尔受辱，事实上在很大程度上为贝克汉姆重新找回了失去的人气。阿尔帕伊的恶行反倒成就了贝克汉姆，在小贝的遭遇被媒体一一曝光后，同情、打抱不平直至尊重小贝的情感在英格兰球迷的心里演绎得淋漓尽致。人们通常用“伟大”来形容一场胜利，但小贝在伊斯坦布尔的妥协可以称得上是一次“伟大的忍耐”。这次忍耐使他在英格兰队的核心地位更加稳固，也让埃里克森更加信任他的队长。

我们都知道，有一些事情，忍一下就过去了，其实没有什么大不了的，它既不会损害你的自尊，相反还能提升你的人格魅力。但遗憾的是，人与人之间经常因为一些彼此都无法释怀的坚持，而造成永远的伤害和无法挽回的恶果。当静下心来的时候，也许会常常抱怨自己当初何必要那样做。

现代社会竞争激烈，人与人之间难免有冲突，积怨过多招人恨，伤人过重结下仇。为人应宽大为怀，不计小隙。否则你对我要阴谋，我就给你设陷阱，如此以毒攻毒、以恶对恶地冤冤相报，何时有个了结呢？

如果你的行为让人们不喜欢，那你就危险了。因为这时原本和你毫无关系的他们会因为几句话就牢固地树立了你这个人的形象，虽然这可能是不正确的，但他们可能凭着对这种形象的好恶来办事，有时对你而言可能会成事不足，败事有余。

如果你想有所作为，获得成功，就要学会宽容，能够容忍、谅解别人的不同意见和错误。否则你永远不可能成为一个真正的成功者。试想你每天都在想着别人的一点过错，甚至心生怨恨，老想打击报复，那你还有精力发展自己的事业吗？无疑你也就离成功越来越远了。

以信立身，形象誉满天下

不诚实的代价是昂贵的，它将使人处于相互戒备、互不信任的关系之中，导致整个社会的无序和混乱。人们唯有以诚信为本，以诚信换取信任，整个社会才能充满和谐和欢乐。

诚信本身就是一场搏斗。曾有人说："我每天都在虚伪和诚实之间搏斗。"其实，每个人每天都在是非、善恶、美丑的战斗中，这就是我们的人生。但我们时常生活在不诚实里，玩世不恭被一小部分人推崇，而且他们以"大家都这么做"为由拒绝诚实待人。这就跟“阿旷和尚摸得，我就摸不得”一样了。也许不诚实在短期会给你带来一定利益，但最终遭受失败的仍是你。和不诚实做斗争是需要勇气的，一方面在自己内心要和道德的“惰性”做一番斗争，战胜虚假的心理；另一方面在外界我们还不得不和不诚实的人、事战斗，这也许会损伤许多朋友的感情和友谊。但不诚实终究是站不住脚的，不诚实是冬天的雪，诚实的阳光一出来它就分崩离析。

失去信誉之后，会使人很恼火，并且不知道你什么时候才是有信誉度的。如果你失去信誉之后，能及时采取补救措施，还是会获得宽容和谅解的。

有一家连锁店，生意兴隆，经常有排着长龙的队伍在采购，信誉颇佳。有一次一个顾客反映：他从这家店里买了变质的熟食。

当顾客将变质的熟食拿回来，怒气冲冲地质问服务员为什么出售变质的食品时，服务员立即真诚地道歉，并耐心地解释：他们的确不知道，但可以马上退货、退款……

且不说那变质熟食是否真为该店所售，就其态度而言，在一定程度上也能挽回信誉，赢得理解。

“解铃还须系铃人”，失去诚信之后，你的周围会有怀疑的目光、埋怨的话语，你的真诚也未必让人理解，那么，你只有用加倍或多倍的努力才能重新树立起在别人心目中的形象。

当你有失信誉之后，遭人冷落、拒绝、刁难，你应该平静地接受。因为，你做错了才导致别人产生这样的反应。同时，我们只能用信任去赢得信任，我们要相信身边怀疑的人总会为真诚所动。以诚相待是现代社会人际交往中最重要的砝码，大多数矛盾都能用诚信的办法得到解决。只要真诚待人，就可能赢得良好的声誉，获得他人的信任。

谦逊是加大形象的砝码

一个容器若装满了水，稍一晃动，水便溢了出来。一个人若心里装满了骄傲，便再也容纳不了新知识、新经验和别人的忠言了。长此以往，事业或止步不前，或猝然受挫，因此，古人说："满招损，谦受益。"

达·芬奇在《笔记》中感叹道："微少的知识使人骄傲，丰富的知识则使人谦逊，所以空心的禾穗高傲地举头向天，而充实的禾穗低头向着大地，向着它们的母亲。"其实，人们不应为自己已有的知识和成绩感到骄傲，人们如能谦虚处世，无疑可以掌握更多的知识，取得更大的成绩。

为了启发人们谦虚处世，俄国的列夫·托尔斯泰也打了一个很有意义的比方："一个人就好像是一个分数，他的实际才能好比分子，而他对自己的估价好比分母，分母越大，则分数的值越小。"

人生处世眼光要放长远，大智若愚，谦恭为人，这一道理是中国文人仕者们一贯努力追求的。

曾国藩给其弟的信就说明了这一点：

弟来信自认为属于忠厚老实一类人，我也相信自己是老实人。但只因为世事沧桑看得多了，饱经世故，有时也多少用一点机巧诈变，使自己变坏了。实际上因这些机巧诈变之术总不如人家得心应手，徒然让人笑话、使人怀恨，有什么好处呢？这几天静思猛省，不如一心向平实处努力，让自己忠厚老实的本质还我以真实的一面，回复我的本性。贤弟此刻在外，也要尽早回复忠厚老实的本性，千万不要走入机巧诈变那条路，那会越走越卑下。即使别人以巧诈待我，我仍旧以淳朴厚实待他，以真诚耿直待他，久而久之，人家有意见也会消解。如一味钩心斗角，互不相让，那么，冤冤相报就不会有终止的时候了。

曾国藩是最反对人傲气的，他的家书中，指出傲气是人生一大祸害，切要根除，他说："古来谈到因恶德坏事的大致有两条：一是恃才傲物，二是多言。"

在另一封信中曾国藩又讲到这个问题，告诫其弟一定要戒牢骚。信上大意说：

在几个弟弟中，温弟天资本是最好的，只是牢骚太多，性情太懒。我曾见过我的朋友中的那些爱发牢骚的人，以后一定有很多的挫折。这是因为无故而埋怨上天，上天就不会给他好运；无故而埋怨别人，别人也绝不会心服。因果报应的道理，自然随之应验。温弟现在的处境，是读书人中最顺畅的境地，却动不动就牢骚满腹，怨天尤人，一百个不如愿，实在叫我不可理解。以后一定要努力戒除这个毛病，只要遇到想发牢骚的时候，就反躬自问："我是不是真有什么毛病以致心中这样的不平静？"不狠心自我反省，不决心戒除不足。心平气和、谦虚恭谨，不只是可以早得功名，而且始终保持这种平和的心境，还可以消灾减病。

盛气凌人也好，牢骚太盛也罢，都是自傲的一种表现。自傲是人生一大误区。做人自谦，从个人来说这是最老实的态度。世界之大，无奇不有，个人无论如何能干也不过是宇宙间一个微小的个体而已。更何况山外青山楼外楼，水平高的人多得是，只是你未遇到。

对外来说，自谦也是最实际的。谦虚不是虚伪而是诚心。朱熹在给其长子的家信中说："凡事谦恭，不得盛气凌人，自取耻辱。"这就是说自谦招福，自傲招害。《三国演义》中的马谡，纸上谈兵，盛气凌人，结果兵败人亡。所以《尚书》中说："满招损，谦受益。"真是为人之真言。

因此，在与人交往相处时，必须学习避免"骄傲式的说话"，千万不能做"满身是刺的骄傲孔雀"，而要做一个谦恭为怀、谦逊为人的人，这样你的个人形象会在无形中得到提升。

树立形象三品牌——真、善、美

一天中午，一只青蛙正坐在池塘边的一块石头上休息。可能是游得太累了的缘故，青蛙坐下后，不久便睡着了，并且很快进入了梦乡。

突然，青蛙被一种声音惊醒，打断它美梦的是一条眼镜蛇。

“你这个老家伙，快告诉我什么是天堂，什么是地狱！”眼镜蛇一边吐着信子，一边凶狠地问道。

“你这个可恶的家伙，不知道你残害了多少生灵。你不配生活在这个美好的世界上，更没有资格来问我天堂和地狱的秘密！”青蛙平静地看了一眼眼镜蛇，漫不经心地说。

“你这个老不死的家伙！竟敢口吐恶言来羞辱我，你一定是活得不耐烦了！”眼镜蛇骂完，就要把毒汁吐到青蛙的身上。

就在千钧一发之际，青蛙指着眼镜蛇，轻轻地说：“这就是地狱！”

霎时，眼镜蛇惊愕不已，它对这只敢以生命来教导它的青蛙充满了深深的敬意。就在它为自己刚才粗暴的行为向青蛙表示歉意时，青蛙说：“这就是天堂！”

心生恶念，你的世界就是地狱；弃恶从善，地狱也会变成天堂。在现实生活中，如果一个人始终保持一颗追求真、善、美的心，那么有什么困难不能克服呢？好形象带给你的将是终生受用不尽的财富。

人体的内在美是人体美的核心，人的素质是决定性因素。一个人外形无论修饰得多么靓丽，如果没有内在美也是不会有风度、气质和魅力的。正是认识到内在气质是形象的主要决定力量，现在的许多形象设计也都渐渐地趋向于注重人体内在美的培养了。

毫无疑问，人人都希望自己在别人心目中的形象是“美”的。首先自己要追求美，然后才能把美化为自己形象的一部分。

善良是生命中的宝物，善良即是伟大。虽然善良的人并不具有丰功伟绩，但是他却可以把人从痛苦的深渊中拯救出来，一个善意的举动足以改变一切。

怎样才能找到自己的真、善、美呢?

1.培养好品德

它所形成的是一种“品德美”。善良的心地，宽大的襟怀，光明平和的处世态度。待人谦虚而有自信，积极向上而不嫉妒倾轧，欣赏别人的美而不自卑，了解自己的长处而不嚣张，勇于负责而不跋扈。这种优良的品德会使一个人形成雍容典雅的气质。有这种气质的人自然举止从容，态度大方，并有一种安详高雅之美。

2.多学习知识

除了你专攻的学问之外，你的知识范围应包括：大至世界大事，小至时装的概念，受欢迎的电视影片的内容，以及诸如此类的大小各事。这种书本上的专门知识与常识的综合，才可构成一种丰富而又灵活的知识美，也才可以对你的气质有所帮助。

3.培养自己的艺术修养

有了这份欣赏力，你才会知道某些举止是高雅的，某些举止是粗俗的，某些化妆是高级的，某些化妆是低级的；某些衣服是美的，某些衣服是难看的；某些人的言谈动作是可以仿效的，某些人的言谈动作是不足取的。有了这份鉴赏力，你才有选择的权利，才有取舍的标准，你才懂得朝哪个方向去琢磨自己，才懂得什么标准是你所要达到的标准。这是艺术修养，也是帮助你形成高雅气质的最重要因素。

把自己真、善、美的一面展示给大家，你得到的会比失去的更多。当你再次面临处于困境中的人们时，不要忘了给予最真切的关爱。此时，就是你树立好形象的大好时机。

由内而外塑造出类拔萃的品位

日本经济学家、教育学家小信三曾说：“精于艺或是完成某种事业之士，他们的容貌自然具有凡庸之士所不具有的某种气质和风格。”印度著名文学家、诗人泰戈尔曾这样说过：“一个人在30岁之后，就得对自己的长相负责。”

另外，外在气质是个人增强其识别性的重要方面，以服饰为例，服饰是一种文化现象，是一种无声语言。美国华盛顿联邦银行总裁辛克利时常告诫属下：如果你要别人以专家对待你，你就必须穿得像一个专家。一个人的着装往往能从一个侧面传递出一个人的修养、性格、气质、爱好和追求。

综上所述，人的内在气质与外在气质是有机统一的。内在气质通过人的实践活动将其内在世界对象化于外在世界，借助缤纷的外在气质（世界）而得以展露；或者通过个体的仪表风度、言谈举止、服饰穿戴等外在气质而得以展露。内在气质以外在气质为载体，外在气质以内在气质为根据。两者的有机统一才可达内外同一的“圣人”之境。

良好的外表打扮与精神美和谐的统一，这才是最好的个人气质。所以，一个人没有相应的内涵，尽管打扮得很酷、很帅、很入时、很引人注目，但他们的气质仍是不美的。

生活中，常常听到人们这样的谈论：

“昨天一起吃饭的王小姐真有品位，同样的珠宝在人家的身上一点都不俗气。”

“唉，上次喝茶时的那个男人太没品位，大家聊得兴致正浓时，他老是挖鼻孔。”

“笑死人啊，今天经理穿的西装，商标还在袖子上挂着呢!”

“我最讨厌别人喝汤时发出嗞嗞溜溜的声音了。”

“她啊，穿再贵的衣服，还是没有样子，简直是糟蹋衣服。”

我们也许从来不在生活中一本正经地讨论什么是真正的品位，以及品位的真正含义。但我们每个人都可以描述出一些有品位的形态和没品位的形态，并且有意无意地避免不够品位的做法，以免成为别人街谈巷议的话柄，茶余饭后的谈资。

那么什么样的人才算真正有品位的呢?

热爱旅游，四海为家，放逐于世界各地，过一种吉卜赛式的流浪生活叫作品位吗?

喜欢美食，大吃大喝，业余写写美食评论，长个胖胖圆圆的肚子叫作品位吗?

熟知天文地理，涉猎广泛，热爱读书，最喜欢三毛和琼瑶叫作品位吗?

风趣幽默，谈吐雅致，满腹经纶，常常能把人逗笑叫作品位吗?

穿衣得体，整体装扮和谐自然，每天身着名牌服装出入于高档写字楼叫作品位吗?

喜欢喝咖啡，喜欢玩情调，喜欢在自然中感受生活的乐趣叫作品位吗?

都不是。

品位是所有生活的细节，是综合了所有方面的总述。上面的方方面面都只是片面的解读，而非全方位的把握。一个有品位的人，绝不仅仅是某一方面表现的优秀，而是在大多数层面以内，他的生活细节符合主流的审美倾向。当然，这种审美倾向有时也是靠不住的。但在这个世界上，有哪些东西完全靠得住呢？某些时候，总得有些标准出来，这样才能使社会本身更趋向于相对较为完美的状态。

也有物质层面所具有的力量。

我们说余秋雨有品位，很大程度上，并不是他的文章写得多好，或者他有多么深厚的学问，渊博的知识，而是他所表现出来的一种对于文化的忧虑和关于历史与人生的深入思考。他懂得欣赏，也懂得批评；他的演讲大气磅礴，快意人生；他的文章引经据典，纵横捭阖；他的思考深入浅出，哲理性强……

我们说张艺谋有品位，那是因为他总能于细微之处发现我们民族深处的东西，并以影像的方式表达出来。对于镜头的美感的追求，对于导演技术上的精益求精，对于故事细节的雕琢，自然使他区别于一切没有根基和品位的导演。

我们说杨澜有品位，首先她天生丽质可以让我们对她多出一些好感。但除此之外，谁又会否认她打扮得体，笑容优雅，采访深入，享受生活呢？她的每一个动作，每一个姿势，让人看了都感觉舒服。

有一个爱吃面条的作家写了这样一篇文章，他由面条的品位想及做人。他说，面条有三种品位：

上品——色味俱佳，让人吃得酣畅淋漓、荡气回肠；中品——家常面，或缺色或乏味，虽然不完美，但亲切实在；下品——颜色炫目，乍看之下很是诱人，但吃了却大倒胃口。

而形形色色的人也可分为上、中、下三种品位：

品性高洁、为人高尚正直的，与之相处，就如吃色味俱佳的面条，不仅充了精神之饥，而且深深倾倒于其人格魅力；另一种人实实在在、诚恳真挚，就像家常面，不管你喜不喜欢吃，但肯定能充饥；第三种人，总是夸夸其谈地卖弄其学识见闻，初接触易被其貌似丰富的外表所蒙蔽，但搁到实处，却百无一能，立即显示出愚蠢和无知来，相处一久，便令人心生厌烦。

人的品位对于个人的前途事业、工作交往有着重要的影响。每个人都希望与有品位的人士交往而拒绝一个没有品位的庸俗之辈，并借此完善自己。

面之中下品常有，上品难得一尝；人之中下品易遇，上品难逢。

其实我们每个人都有提升自己的机会，只不过，我们过于麻木，放走属于我们的那些机会，任凭自己仍然日复一日地过着重复的生活，而没有试图改变它的倾向。就这样，我们在世俗的生活里越陷越深，品位一如既往。我们仍然保持着自己的晚睡晚起的坏习性，保持着房间里杂乱无章的状况而懒得打扫；我们仍然不去扩展自己的交往范围，生活永远是一个小小的圈子；我们仍然因为自己太忙的理由而拒绝充电，主动放弃了改变自己的可能性……这样慢慢下去，积习难改，我们这辈子永远都过着没有品位的生活!

尘世中人谁又能“跳出三界外，不在五行中”呢？品位是培养出来的，人生一世不过短短几十年光景，既然处世不易，那么就该培养出我们的品位!

品位不单是外在的东西，是个体在成长的过程中随着审美观念的建立而逐步形成的个人生活习性，有精神气质的因素在起作用，也有物质层面所产生的“包装”的力量。